ESSAI

SUR

UN PROBLÊME

DE

GÉOMÉTRIE.

(par Tardi)

Quærendi defatigatio turpis est, cum id quod quæritur sit pulcherrimum.

Cic. de fin.

M. Tardi

M. DCC. LXXXIX.

AVANT-PROPOS.

JE demande la plus grande indulgence pour ce foible essai : il excitera peut-être le mépris de quelques-uns de mes lecteurs ; j'espere cependant n'avoir rien à craindre de pareil de la part des véritables savants.

Les hommes de génie sont naturellement indulgents ; plus leurs connoissances sont étendues, plus ils mettent de réserve & de circonspection dans leurs jugements ; ils connoissent mieux que personne toute la foiblesse de l'esprit humain.

Quel est en effet le mortel assez courageux pour se complaire dans sa propre science, lorsqu'il vient à réfléchir un moment sur la prodigieuse quantité de choses qu'il ignore ?

On se trompe tous les jours, même en mathématique : il est presque impossible, j'en conviens, d'errer dans les principes, mais il est assez commun d'en faire de fausses applications.

De là naissent & se propagent des erreurs, d'autant plus difficiles à détruire, qu'elles paroissent fondées ſur de bonnes démonſtrations, & qu'elles ſe montrent accompagnées du faſte impoſant des calculs les plus compliqués.

Mais, qu'on ne s'y trompe point, ce n'eſt pas l'analyſe la plus ſubtile qui fait le vrai mathématicien, c'eſt la bonne logique. Point de grand géometre qui n'ait été profond logicien, & il eſt beaucoup plus rare qu'on ne penſe, de trouver ces deux qualités réunies dans le même ſujet.

ESSAI
SUR UN PROBLÊME DE GÉOMÉTRIE.

LORSQUE je réfléchis attentivement à l'ouvrage que je projette, le courage me manque pour en venir à l'exécution. Vingt fois j'ai pris la plume pour le commencer, autant de fois la plume m'eſt tombée de la main. Tout concourt en effet pour me décourager, les circonſtances dans leſquelles je me trouve, le ſujet que je veux traiter, la maniere dont je dois le traiter.

Les circonſtances ne ſauroient être plus défavorables. Réſidant à plus de cent lieues de la capitale, je ſuis privé des ſecours & des lumieres de ces ſavants qui forment une ſociété illuſtre dont la France & l'Europe s'honorent; je me trouve iſolé, réduit à mes propres forces, c'eſt-à-dire, preſque à rien.

Le ſujet que je veux traiter ne peut être plus ingrat. Il y a quarante ſiecles que cette matiere a été méditée, approfondie, diſcutée par les plus grands génies, de tous les âges & de toutes les nations: il eſt naturel de penſer qu'ils ont épuiſé toutes les combinaiſons; des travaux ultérieurs ſur cette partie doivent paroître ridicules, ou tout au moins ſuperflus.

Enfin, la maniere dont je dois traiter mon ſujet, ne promet que beaucoup de peine à l'auteur, tandis qu'elle riſque de rebuter une partie des ſavants qui ſera tentée de me lire.

En effet, tout le monde sait qu'aujourd'hui l'analyse a tellement prévalu en géométrie, que tout, jusqu'aux propositions les plus élémentaires, se démontre par l'algebre.

Ce n'est pas ici le lieu d'examiner si cette méthode est assez préférable à celle des anciens (1) pour devenir ainsi un moyen unique & exclusif; je me contenterai d'observer que par la nature du problême que je me propose d'examiner, j'ai été forcé de m'abstenir de tout calcul algébrique, & de m'en tenir à la synthese pure & simple.

Ma marche en est devenue nécessairement plus lente; je souhaite qu'elle ne rebute pas ceux qui me feront la grace de la suivre; je me flatte au moins qu'ils conviendront que j'étois forcé de la choisir, & que je n'avois pas d'autre route à tenir.

Un pareil ouvrage est donc rebutant, & quant au fond, & quant à la forme. Il est bien à craindre, en conséquence, qu'il n'excite le dégoût & peut-être le mépris. Je ne voudrois pas assurer que dès les premieres pages, & lorsqu'ils auront connu l'état de la question, des hommes fortement prévenus par les décisions de toute l'Europe savante, ne rejettent dédaigneusement ce foible essai, sans vouloir en achever la lecture.

J'espere cependant qu'il se trouvera encore quelques hommes de sang froid, quelque *Montaigne* qui diront, *que sais-je !* & qui prendront la peine d'examiner attentivement cet ouvrage, malgré la foule de préjugés qui s'élevent contre lui.

Les difficultés que je viens d'exposer, suffisoient bien sans doute pour m'ôter l'envie de traiter un semblable sujet; mais d'un autre côté, j'ai eu deux motifs puissants pour m'y déterminer.

Le premier, c'est l'idée que je pouvois être utile en dévoilant une erreur singuliere, ou plutôt un mal-entendu, adopté généralement par les mathématiciens modernes; mal-entendu qui peut nuire aux progrès de la géométrie.

Mon second motif est l'espérance, (vaine sans doute), mais

---

(1) La méthode des anciens, dit le célebre Halley, dispute à l'algebre l'avantage de la facilité, & l'emporte de beaucoup sur elle par l'évidence & l'élégance de ses démonstrations. *Methodus hæc cum algebrâ speciosâ facilitate contendit, evidentiâ verò, & demonstrationum elegantiâ eam longe superare videtur.* (*Halley, præfat. ad appoll. de sectione rat.*)

bien séduisante, de vaincre des difficultés contre lesquelles ont échoué Archimede, Descartes & Newton. *Summi homines!.... sed homines.*

La gloire d'un pareil succès seroit assurément la plus grande qu'un homme pût acquérir ; elle suffiroit seule pour lui faire un nom immortel : j'avoue cependant qu'elle me touche peu, puisque, quel que soit l'événement, mon intention est de rester inconnu. Je me contenterai d'avancer, qu'en supposant ma découverte véritable, elle doit faire à jamais la gloire du siecle où elle s'est faite, de la nation chez laquelle elle s'est faite, & du souverain qui, par un monument public, fixera l'époque où elle s'est faite.

Je crains que ce début ne paroisse un peu fort, mais je prie les savants de suspendre leur jugement. Je les prie de ne m'accuser ni d'exagération, ni d'enthousiasme ; l'un & l'autre seroient peut-être excusables en parlant d'un événement très-extraordinaire, d'une espece de phénomene géométrique ; cependant je ne me permettrai rien qui sente une imagination exaltée. J'espere que l'on n'aura point à me reprocher de m'être écarté en aucune maniere du sang froid & de la précision qui conviennent à un géometre. J'entre en matiere.

Il est trois problêmes fameux en géométrie, *la quadrature du cercle, la trisection de l'angle, la duplication du cube.*

Depuis quatre mille ans ces problêmes font le désespoir des plus grands géometres ; tous ont essayé de les résoudre, tous ont échoué dans leurs entreprises.

Le premier de ces problêmes, celui de la quadrature, n'a pas été résolu ; personne ne le nie.

Les anciens, par la méthode des exhaustions, les modernes, par l'analyse, ont approché de la solution ; les derniers, sur-tout, ont poussé les approximations à un point qui effraie l'esprit humain ; mais enfin, tant qu'on pourra, (même par la pensée), ajouter un seul terme aux différentes séries que nous donnent les algébristes, tant qu'ils ne nous donneront pas les moyens de sommer une de ces suites, il sera vrai de dire qu'on n'aura point le rapport exact du diametre à la circonférence, & que le problême n'est pas résolu.

Il n'en est pas tout-à-fait ainsi des deux autres problêmes. Des savants modernes nous disent qu'il y a plus de deux mille ans qu'ils sont résolus; que depuis cette époque on en a donné cent solutions plus élégantes les unes que les autres; enfin que toute recherche ultérieure sur cet objet est inutile.

Ces messieurs s'entendent, lorsqu'ils avancent une pareille assertion; ils ne veulent ni tromper personne, ni se tromper eux-mêmes; cependant, comme leur autorité est imposante, & qu'il est un grand nombre de personnes qui croient sur parole, il ne me paroît pas hors de propos d'examiner un moment ces fameuses questions, & de les exposer le plus clairement qu'il me sera possible.

Que demandent les hommes depuis l'origine des temps?

Pour la trisection de l'angle: ils veulent qu'étant tracé sur un plan un angle quelconque avec l'arc qui le mesure, on détermine sur cet arc un point, tel qu'en tirant une ligne du sommet de l'angle à ce point, elle forme un nouvel angle qui ne soit que le tiers du premier. Ils exigent que cette opération se fasse d'une maniere aussi simple que celle qu'on emploie pour partager un angle en deux parties égales, c'est-à-dire, qu'on ne se serve que de la regle & du compas.

Pour la duplication du cube: ils veulent qu'étant tracé sur un plan une ligne qui est la mesure exacte du côté d'un cube quelconque, on puisse tracer sur le même plan une nouvelle ligne qui soit la mesure exacte du côté d'un cube double du premier, & toujours en n'employant pour cette opération que la regle & le compas.

D'après cet exposé court & simple, il n'est personne qui osât soutenir que ces deux problêmes ont été résolus.

Il y a plus; les géometres modernes prétendent prouver qu'en ne se servant que de la géométrie élémentaire, ils sont insolubles; & voici comment ils raisonnent.

Prenons pour exemple la duplication du cube.

Rien de plus simple, vous disent-ils, que ce problême; il ne s'agit que de trouver deux moyennes proportionnelles x & z entre le côté a d'un cube donné, & le double $2a$ de ce côté; ce qui donne ces deux proportions $a : x :: x : z$, & $x : z :: z : 2a$; d'où d'où l'on voit qu'en prenant dans la premiere la valeur de $z = \frac{xx}{a}$, & ſubſtituant cette valeur dans la ſeconde, on arrive, en deux coups de plume, à l'équation $x^3 = 2a^3$, dont il n'eſt plus queſtion que de chercher le lien géométrique.

Mais cette équation s'élevant au troiſieme degré, tandis qu'il eſt connu que celle du cercle ne paſſe pas le ſecond, il eſt évident qu'en la *conſtruiſant* on arriveroit à une courbe compoſée au-deſſus du cercle, c'eſt-à-dire, à une courbe qui ne ſauroit ſe décrire avec le ſeul ſecours de la regle & du compas.

Donc le problême eſt inſoluble par la ſimple géométrie élémentaire.

Tel eſt le raiſonnement de nos géometres actuels; raiſonnement qu'ils appliquent auſſi à la triſection de l'angle, parce qu'en traitant ce problême par l'analyſe, on arrive à une équation du troiſieme & même du quatrieme degré, qui dans aucun cas ne peut être l'équation du cercle.

Il faut convenir qu'ainſi préſentée, cette opinion eſt réellement inconteſtable. Mais eſt-ce bien là l'état de la queſtion? C'eſt ce que nous examinerons tout à l'heure. Obſervons, pour le moment, que le ſentiment que je viens d'expoſer a tellement prévalu, qu'il n'eſt plus de ſociété ſavante en Europe qui ne ſoit convenue de ne plus examiner de mémoire qui auroit pour objet la ſolution ſynthétique de ces trois problêmes.

On a été plus loin; on a répandu, ſur cette eſpece de travail, un tel diſcrédit, qu'un homme qui voudroit s'en occuper, paroîtroit aujourd'hui auſſi ridicule qu'un adepte.

Ce n'eſt pas ici le lieu d'examiner quelles influences peuvent avoir de pareils arrêts ſur les progrès & le développement des connoiſſances mathématiques; je me bornerai à remarquer combien ils ſont humiliants pour l'eſpece humaine.

Eh, quoi! nous ſommes donc condamnés à ignorer éternellement les vérités les plus élémentaires?

Qu'on me permette une courte digreſſion.

Figurons-nous Pythagore, Archimede, Deſcartes & Newton raſſemblés dans le même lycée; ils ſont enſevelis dans les méditations les plus ſublimes. — Entre un enfant. — Mes maîtres, leur dit-il, je vous interrompt, mais ce ne ſera que pour un moment. — Je jouois avec mes camarades; l'un d'eux a pris le dé que voici. — Tu vois, m'a-t-il dit, ce petit cube; nous pouvons facilement en mesurer le côté; nous pouvons tracer cette mesure sur un plan; eh bien, je te défie de déterminer avec ta regle & ton compas une ligne qui puisse servir de mesure à un dé double de celui que tu tiens.

J'ai pris le défi pour une plaisanterie; j'ai cru pouvoir résoudre la question en quatre minutes; voilà cependant plusieurs jours que j'y travaille inutilement. Je m'adresse à vous, persuadé qu'une pareille difficulté ne sauroit vous arrêter.

Ici je vois Newton courber profondément la tête & s'écrier: ô homme! qui sondera jamais la profondeur de ton ignorance! tu marches environné des plus épaisses ténebres, & l'excès de ton aveuglement est de ne pas t'en douter. Mille questions plus simples encore que celles de cet enfant te trouveront toujours sans réponse.

J'ai été enfant, & j'ai eu des maîtres; ce n'étoit pas des Newton, aussi ne doutoient-ils de rien. Je faisois des questions, je proposois des difficultés, la solution arrivoit tout de suite au bout de la plume. Quelques *x*, quelques *y* en faisoient tous les frais, & c'étoit à moi de m'en contenter.

Ce nouveau genre de preuves étoit très-concluant sans doute; mais à coup sûr, les principes raisonnés n'en étoient entendus ni par eux, ni par moi.

Bientôt je fus rebuté par des réponses aussi seches, par un travail qui prêtoit si peu au raisonnement. Il me parut dur de n'arriver à la vérité qu'en suivant des sentiers âpres & tortueux, dans lesquels on me jetoit un bandeau sur les yeux, qui m'empêchoit de reconnoître aucune trace de la route que j'avois suivie. J'abandonnai pour un temps l'étude d'une science dans laquelle il sembloit qu'on ne voulût plus d'autre guide que l'analyse.

Parvenu à l'âge mûr, attiré de nouveau par l'amour de la géométrie, je suis revenu sur les questions de mon enfance; j'ai long-temps combiné, réfléchi, étudié; enfin, de conséquence en conséquence, j'ai été conduit à penser que malgré les arrêts prononcés contre la solution synthétique des trois problêmes, on pouvoit encore s'occuper de cet objet.

J'ai cru que la décision contraire, donnée par les savants modernes, pourroit fort bien être la suite, non de quelque erreur de calcul, mais de quelque mal-entendu dans l'application des principes ; enfin je me suis déterminé à braver le ridicule attaché à de nouvelles recherches.

Celui de ces trois problêmes qui de tout temps a le plus fixé mon attention, est la trisection de l'angle. C'est aussi le seul que je me permettrai d'examiner dans cet essai.

Appellé dès mon enfance à l'étude de la géométrie, on eut à peine mis un compas dans mes mains, que j'appris à partager un angle en deux parties égales.

Il étoit naturel de penser que je pourrois, avec la même facilité, le diviser en trois.

Mes livres m'apprirent que les géometres modernes avoient décidé que l'opération étoit impossible par la simple géométrie élémentaire.

Je fus obligé, pour le moment, de m'en tenir à cette décision ; cependant, comme elle n'étoit pas motivée, ou plutôt, comme je n'entendois pas les raisons sur lesquelles elle étoit appuyée, je me permis de douter ; & singuliérement frappé de la simplicité du problême, j'osai en chercher la solution.

J'avois à peine fini l'étude des éléments, que je crus l'avoir trouvée.

J'étois alors à Paris ; j'y connoissois un géometre de l'académie des sciences, qui me voyoit avec plaisir ; je courus lui faire part de ma sublime découverte ; un souris fut d'abord toute sa réponse, ensuite, en deux mots, il me découvrit le vice de ma démonstration.

On ne s'attend pas sans doute que je rapporte ici cette prétendue solution, justement oubliée depuis long-temps. Tout ce que j'en dirai, c'est que j'y tombois dans une erreur dans laquelle sont tombé plus ou moins presque tous ceux qui ont traité de la trisection.

Cette erreur, grossiere en apparence, dans laquelle cependant il est facile de se laisser entraîner, consiste à supposer un rapport entre les sinus & leurs arcs.

Je remarquerai à cette occasion, que c'est à tort que l'on a reproché à ceux qui ont prétendu avoir trouvé la solution de la trisection, d'avoir annoncé en même temps la solution de la quadrature : il est évident que dans leurs principes, l'une étoit une conséquence nécessaire de l'autre ; car du moment qu'ils avoient commis la faute, d'admettre un rapport quelconque entre les sinus & leurs arcs, il s'ensuivoit, d'une maniere plus ou moins directe, un rapport entre le rayon & la circonférence, & de là la quadrature.

Un peu humilié de ma déconvenue, j'abandonnai pour long-temps toute idée de trisection ; j'eus d'autant moins de peine à m'y déterminer, que désormais livré à l'étude de l'analyse & des hautes sciences, je fus bientôt en état d'apprécier les raisons d'après lesquelles les modernes prétendent prouver l'impossibilité de la solution synthétique de ce problême.

J'avoue de bonne foi que ces raisons me satisfirent sans me convaincre ; elles firent sur moi l'effet que produiront toujours les démonstrations algébriques. Ces démonstrations paroissent en quelque sorte fixées sur le papier où elles sont écrites ; elles ne passent ni à notre esprit, ni à notre jugement. On les dit bonnes, parce qu'il est certain qu'une équation étant bien posée, la combinaison des inconnues avec les connues étant faite suivant les regles, on obtient un résultat, qu'on peut & qu'on doit appeller une vérité. Cette vérité cependant semble isolée au bout de la plume ; elle paroît ne point partir de notre entendement, & peu de personnes se donnent la peine d'examiner si elle découle naturellement des principes qui ont servi à poser l'équation ; condition nécessaire pour que le résultat soit une vérité.

Plein de confiance dans mes calculs algébriques, ainsi que dans la décision de nos géometres, je restai pendant plusieurs années dans un état purement passif, relativement au problême de la trisection. Quelques raisons particulieres, qu'il seroit inutile de rapporter ici, me remirent sur la voie.

En lisant quelques auteurs modernes qui ont parlé de ce problême, je fus assez surpris de voir qu'à leurs avis, il ne pouvoit plus y avoir que des sots ou des ignorants qui osassent en chercher la solution par la géométrie élémentaire.

Cette décision un peu tranchante me déplut. Mes anciennes

idées se réveillerent ; je fus tenté d'approfondir de nouveau cette question, & de ce moment la trisection devint le sujet unique de mes méditations dans mes promenades solitaires.

La premiere question que je me fis, fut celle-ci : est-il absurde, est-il ridicule de s'occuper de la trisection d'un angle ?

La réponse ne fut pas difficile : l'histoire dépose que dans tous les siecles, dans tous les pays, chez toutes les nations, les géometres ont cherché la solution de ce problême ; c'est déjà un grand préjugé en faveur d'un pareil travail.

Il y a plus ; il n'est pas d'écolier en mathématique qui n'ait eu le désir & même l'espérance de trouver cette solution. Tous ont travaillé plus ou moins pour arriver à ce but. Cette unanimité prouve évidemment que cette idée, bien loin d'être ridicule, est au contraire très-naturelle ; car on conviendra qu'il n'est aucun de ces écoliers qui eût sacrifié un quart-d'heure de son temps à arranger trois lignes de façon qu'elles pussent former un triangle dont les angles valussent ensemble deux cents degrés ; il ne s'exercera pas non plus à partager une grandeur de maniere que la somme des deux moitiés soit plus grande que le tout. De pareilles idées ne lui tomberont jamais dans l'esprit, tandis que celle de la trisection le séduira par sa simplicité. La raison en est que les premieres sont absurdes, tandis que la derniere n'a rien qui répugne au bon sens. Un homme raisonnable peut donc s'en occuper sans encourir le blâme du ridicule.

A cette premiere question, j'en fis succéder une seconde.

Dans l'état actuel de nos connoissances, après tout ce que nos savants modernes ont écrit sur la quadrature & sur la trisection, y auroit-il une plus grande sottise de s'occuper de ce dernier problême que du premier ?

La réponse la plus simple, me parut l'affirmative.

On sait en effet que le problême de la quadrature n'a pas été résolu ; mais personne, que je sache, n'est parvenu à démontrer qu'il est insoluble, au lieu que nous venons de voir que les savants de nos jours prétendent avoir démontré qu'il est impossible de résoudre la trisection par la géométrie élémentaire.

Cependant, comme j'avois résolu de faire abstraction de tout ce qui avoit été dit & écrit sur cette matiere, je pris le parti d'examiner la question en elle-même, & indépendamment de toutes les opinions étrangeres.

Or, me dis-je alors, que cherche-t-on en cherchant la quadrature du cercle ?

On sait assez que la méthode la plus généralement suivie se réduit, en derniere analyse, à trouver un rapport exact entre le diametre & la circonférence.

Mais qui sait si ce rapport existe ? Personne sans doute n'assurera qu'il ne peut avoir lieu, mais personne aussi ne sauroit démontrer qu'il existe ; en sorte que dans l'esprit de tout homme raisonnable, il doit rester un doute très-bien fondé sur cette matiere. Il est en effet très-possible que ce prétendu rapport entre une ligne droite & une ligne courbe, soit tout aussi chimérique qu'un rapport entre l'être & le non être ; d'où il faut conclure qu'il est possible que le quadrateur passe sa vie à chercher une chimere ; ce qui seroit vraiment une sottise.

On ne peut pas faire le même raisonnement contre celui qui s'occupe de la trisection ; car enfin, chercher la trisection, c'est chercher sur un arc donné, un point qui soit tel au tiers de cet arc. Or, ce point existe individuellement. Il n'y a aucune chimere à supposer qu'un tiers existe nécessairement dans un tout. Vouloir déterminer ce tiers, n'est donc pas une extravagance ; & si l'on veut absolument que ce soit une sottise, il est évident qu'elle n'est pas de la force de celle qu'il y auroit à chercher la quadrature.

Mais, me dira-t-on, la sottise ne consiste pas à chercher le tiers d'un arc, que nous avouons exister individuellement ; elle consiste à le chercher par la géométrie élémentaire, à le chercher avec la regle & le compas.

C'est-à-dire, que l'on convient que la solution du problême n'est pas impossible dans le fond, qu'elle ne l'est que dans la forme ; ou, si l'on veut, on convient que l'impossibilité de partager un angle en trois parties égales, n'est pas une impossibilité absolue, mais une impossibilité relative.

D'après ces premieres réflexions, l'on sent qu'il ne me restoit plus qu'à examiner cette espece d'impossibilité dont je viens de parler. Il me falloit approfondir les raisons qui jadis m'avoient satisfait sans me convaincre, les raisons d'après lesquelles nos géometres modernes décident que la trisection de l'angle est impossible avec la regle & le compas.

Pour cela, il étoit nécessaire de reprendre leurs raisonnements dès le principe. C'est aussi ce que je m'en vais faire, en n'oubliant pas que ceci n'est qu'un essai, & que je dois abréger le plus qu'il me sera possible.

Supposons donc, comme on l'a toujours fait, que le problême est résolu.

Si l'on a un angle quelconque ACB, (*Fig.* 1re.), & que l'arc qui le mesure soit actuellement partagé en trois parties égales par les rayons CD & CE.

Tirez AB, corde de l'arc total, & AD, DE, EB, cordes des trois arcs égaux.

Tirez encore CI, perpendiculaire sur AB.

Cette ligne CI sera aussi perpendiculaire sur la corde DE, qui est parallele à AB.

Les deux triangles CFG, CDE sont isoceles & semblables; l'angle ADF étant égal à l'angle EDF, & celui-ci étant égal à l'angle DFA, les deux triangles AFD, CFG sont isoceles & semblables.

Par le même raisonnement, on prouvera que les triangles BGE, CGF sont isoceles & semblables.

Il suit de là que les six triangles AFD, CFG, CDE, ACD, BCE, BGE sont isoceles & semblables, & que l'on a AF = AD = DE = BE = BG.

Les triangles semblables ACD, DAF donneront AC : AD : : AD : DF $= \frac{AD^2}{AC}$.

Les triangles semblables CFG, CDE donneront CF : FG : : CD : DE; ou bien, en substituant les valeurs de CF & de CD, on aura AC — DF : FG : : AC : DE $= \frac{FG \times AC}{AC - DF}$.

Cela posé, voici comme l'on a continué de raisonner.

Dans ce problême, la ligne DE, corde du tiers de l'arc donné, est vraiment une inconnue.

Nommons x cette corde, ainsi que toutes les lignes qui lui sont égales, AD, BE, AF, BG.

Le rayon AC est certainement connu; nommons-le a.

AB, corde de l'arc total, eſt auſſi, dit-on, une ligne connue; nommons-la *b*.

Ici je ſuis obligé de m'interrompre pour faire une réflexion qui me ſervira par la ſuite.

Le parti étant pris dans ces derniers temps, de tout mettre en équation algébrique, les géometres ont ſouvent été forcés de ſe créer des *données* qui n'étoient pas de véritables *données*; & il le falloit bien néceſſairement; car, comment mettre en équation quatre ou cinq grandeurs, dont une ſeulement auroit été connue?

Dans le cas préſent, par exemple, le rayon AC eſt certainement connu, puiſqu'il eſt pris à volonté. On peut donc très-légitimement lui aſſigner une *valeur abſolue* $= a$. Mais c'eſt la ſeule ligne qui ſoit véritablement une *connue*, une *donnée*.

La corde AB eſt une ligne *dépendante*, une ligne *déduite*; elle n'a point de *valeur abſolue*; on ne peut lui en aſſigner une que *relativement* au rayon AC, AB; en un mot, ne peut avoir qu'une *valeur calculée*. C'eſt donc très-improprement que l'on regarde cette ligne comme une véritable *donnée*.

Il n'eſt pas même difficile d'appercevoir, (& nous le prouverons tout à l'heure), que dans certains cas cette corde AB ſera non-ſeulement une indéterminée, mais encore une incommenſurable.

C'eſt donc à tort, je le répete, qu'on la regarde comme une *donnée* du problême (1).

Lorſqu'on y fera une ſérieuſe attention, on verra que, de quelque façon qu'on s'y prenne, il ne peut y avoir de vraiment *donné* que le rayon de l'arc qu'on a choiſi pour être la meſure de l'angle qu'on ſe propoſe de partager en trois parties égales.

Mais je paſſe pour ce moment ſur cette difficulté, & je reprends le raiſonnement des géometres.

La corde AB ſera donc, puiſqu'on le veut, une *donnée* qu'on peut faire $= b$.

Il eſt aiſé de voir que puiſque l'on a $FG = AB - 2AF$, on aura $FG = b - 2x$.

Reprenant enſuite les deux proportions que nous avons établies,

(1) Voyez ci-après, pages 41 & 42.

&

& mettant à la place des lignes la valeur que nous venons de leur aſſigner,

La premiere proportion AC : AD : : AD : DF, donnera $a : x :: x : DF = \frac{xx}{a}$.

La ſeconde proportion AC — DF : FG : : AC : DE, donnera $a - \frac{xx}{a} : b - 2x :: a : x$, de laquelle on tirera $x^3 = 3aax - aab$, & par conſéquent x ou la corde DE $= \sqrt[3]{3aax - aab}$, enfin le ſinus DI $= \frac{1}{2} \sqrt[3]{3aax - aab}$.

C'eſt ainſi que par la comparaiſon des triangles, l'on eſt parvenu à trouver l'expreſſion de la corde DE & du ſinus DI; ce qui donne, comme l'on voit, une équation du troiſieme degré.

D'autres auteurs ſont parvenus à une équation du quatrieme. Voici comment ils ont opéré.

Soit un angle quelconque BAC, (*Fig.* 2me.), & que l'arc qui le meſure ſoit actuellement diviſé en trois parties égales par les rayons AD, AF.

Soient tirées les cordes égales AD, DF, FC, & la corde totale BC.

Soit menée la ligne AGE perpendiculaire ſur DF.

Les inconnues du problême ſont le ſinus DG $= y$, l'apothême AG $= x$.

Parmi les inconnues, l'on met le rayon AE $= a$, & cela eſt inconteſtable.

Puis ſuppoſant la corde BC une *connue*, on nomme la demi-corde BH $= b$, & la droite AH $= c$, comme il eſt aiſé de démontrer, ainſi que dans l'exemple précédent, que le triangle BDI eſt iſocele, on voit que BI $=$ DF $= 2$DG $= 2y$.

Et par conſéquent HI $= b - 2y$.

Je répéterai ici, que c'eſt très-improprement que l'on ſe crée ainſi des *données* à volonté.

La corde BC, la demi-corde BH ſont des droites *dépendantes*, des droites *déduites*, des droites *calculées*. A plus forte raiſon AH eſt-elle auſſi une ligne doublement *déduite*, doublement *calculée*. Ces droites ne ſont donc pas de véritables *données*. Mais paſſons encore là-deſſus.

La queſtion ainſi poſée, ſi l'on compare les triangles ſemblables AHI, AGD, on aura AG : GD :: AH : HI.

En donnant à chaque ligne ſa valeur, on aura $x : y :: c : b - 2y$.

D'où l'on tire l'équation $bx - 2xy = cy$; ce qui donne $y = \frac{bx - 2xy}{c}$.

D'un autre côté, le triangle rectangle ADG donne $DG^2 = AD^2 - AG^2$.

Ou bien en mettant à chaque ligne ſa valeur $yy = aa - xx$; ce qui donne $y = \sqrt{aa - xx}$.

On voit donc que par cette méthode on arrive à deux expreſſions de l'inconnue y, & que ſi dans l'une de ces deux équations on ſubſtituoit la valeur de cette inconnue, on obtiendroit une équation du quatrieme degré.

On peut donc aſſurer que dans le problême de la triſection, les différentes manieres employées juſqu'à ce jour pour en avoir la ſolution, donnent, en derniere analyſe, des équations du troiſieme ou du quatrieme degré.

Donc, diſent nos géometres modernes, il eſt impoſſible de réſoudre ce problême par la géométrie élémentaire.

« On ne peut en venir à bout, dit M. d'Alembert, avec le » ſeul ſecours de la regle & du compas; car une équation du » troiſieme degré ne peut être réſolue par l'interſection d'une » ligne droite & d'un cercle. L'équation qui réſulte de cette » interſection ne pouvant paſſer le ſecond degré...... on peut y » parvenir par l'interſection d'une des coniques avec le cercle.

» Il eſt démontré, diſent d'autres auteurs, que les différents » principes établis pour la ſolution de ce problême, conduiſant » néceſſairement à des équations du troiſieme degré, il eſt évident » qu'on ne peut les conſtruire en n'y employant que des courbes » capables de donner moins de trois points d'interſection.

» Ceux qui tâchent de combiner des cercles & des lignes » droites pour parvenir à cette ſolution, c'eſt-à-dire, qui ne » veulent employer que la regle & le compas, perdent infructueuſement leur temps & leurs veilles..... ils s'obſtinent à une » recherche vaine & impoſſible..... C'eſt là une vérité qui n'eſt » aujourd'hui ſujette à aucune conteſtation parmi les géometres. »

C'eſt d'après ces conſidérations, que l'on a cherché la ſolution du problême dans une géométrie plus élevée que l'élémentaire.

Ainſi, dans l'exemple cité, *pag. 17*, (*Fig. 2me.*), en regardant le centre A comme un point appartenant à une hyperbole, tirant les aſymptotes OL, OM, & achevant la conſtruction connue (1), on parvient à décrire une hyperbole dont l'interſection D avec le cercle donne le point demandé, & réſout le problême.

Ainſi, continuent encore les auteurs modernes, dans tous les cas pareils, les problêmes ſeront réſolus par l'interſection d'une des coniques avec le cercle.

Réſolus !.... je pouvois tout ſimplement le nier; car ſi on ſe rappelle la queſtion telle que je l'ai poſée dans le commencement de cet eſſai, & telle qu'elle a été conçue par les hommes de tous les ſiecles, le problême conſiſte à déterminer le tiers d'un arc donné par une opération auſſi ſimple que celle qui ſert à en déterminer la moitié, c'eſt-à-dire, en n'employant que la regle & le compas.

Or, les prétendues ſolutions dont on ſe vante, peuvent être plus ou moins élégantes; mais aſſurément aucune n'eſt fort ſimple, aucune ne remplit la condition eſſentielle de n'employer que la regle & le compas.

Mais allons plus avant, & convenons qu'en employant les coniques, on a réellement réſolu ce problême. Voyons ce qu'on a trouvé par cette ſolution, & pour cela, examinons ce qu'on cherchoit.

Nous avons fait voir que juſqu'à ce jour tout ſe réduiſoit à trouver ou une corde, ou un ſinus, c'eſt-à-dire, à trouver ou la *valeur*, ou la *poſition* de ces lignes; car aſſurément il ne ſauroit être queſtion d'autre choſe.

Par la ſolution donnée, a-t-on trouvé la *valeur*? non, aſſurément, & pour s'en convaincre, il n'y a qu'à ſe rappeller d'où l'on eſt parti.

Ce ſont des équations du troiſieme ou du quatrieme degré. Dans ces équations, il ne peut y avoir de véritable *donnée* que

(1) Voyez Guiſnée.

le rayon. C'eſt la ſeule ligne réellement *connue*, la ſeule à laquelle on puiſſe donner une *valeur* abſolue.

Toutes les autres lignes, quelles qu'elles ſoient, ſont des lignes *dépendantes*, des lignes auxquelles on ne peut aſſigner de *valeur* que celle que leur donnera le calcul.

On tombera donc néceſſairement dans des indéterminées; & comme la corde ou le ſinus qu'on trouve par la ſolution ſont des lignes encore plus *dépendantes* que les premieres, il faut en conclure que cette ſolution ne peut en donner les *valeurs*.

Il peut même arriver, comme je l'ai déjà dit, & comme je le ferai voir plus bas, que ces lignes cherchées ſoient des incommenſurables; & pour lors il n'y a pas d'apparence qu'on prétendît en fixer les *valeurs*, ſans que pour cela la ſolution du problême en devînt plus difficile.

Il eſt donc clair, je le répete, que la ſolution trouvée par les coniques ne donne pas la *valeur* de la corde ou du ſinus cherché.

Je crois bien qu'on ne me niera pas cette aſſertion; mais, me dira-t-on, les géometres s'embarraſſent peu de la *valeur* des lignes qu'ils cherchent, pourvu qu'ils en déterminent la *poſition*.

Je conviens à mon tour de cette vérité; j'ajouterai même qu'on peut légitimement ſe plaindre que dans ces derniers temps on l'a un peu perdu de vue.

L'analyſe eſt une belle ſcience: qui eſt-ce qui en doute? Mais c'eſt une ſcience qui *calcule* les grandeurs pour en déduire leurs *valeurs;* c'eſt une ſcience de *combinaiſon*.

La géométrie proprement dite eſt une ſcience de *comparaiſon*. C'eſt d'elle dont on peut dire qu'elle s'embarraſſe peu des *valeurs*, des lignes, des ſurfaces ou des ſolides dont elle s'occupe. Elle ne cherche que leurs *poſitions reſpectives*, *leurs grandeurs comparées*, *leurs grandeurs de juxta-poſition*.

C'eſt ainſi que dans la *comparaiſon* des côtés d'un triangle ſcalene, elle affirme que le côté oppoſé au plus petit angle, a une *grandeur* moindre que le côté oppoſé au plus grand angle; ſans prétendre *combiner* enſemble ces côtés, encore moins en *calculer* les *valeurs*, ni déterminer de combien l'une ſurpaſſe l'autre.

C'eſt ainſi que dans la *comparaiſon* des ſurfaces, elle décide que le carré construit sur le petit côté d'un triangle rectangle, est égal à la différence des carrés construits sur l'hypothénuse & sur le moyen côté; mais peu lui importe la *valeur* de cette différence.

C'est ainsi enfin que dans la *comparaison* des solides, elle démontre qu'un prisme quelconque est trois fois plus grand qu'une pyramide de même base & de même hauteur; sans prétendre déterminer la *valeur* de ces deux solides, & encore moins la *valeur* de leur différence.

La courte réflexion que je me permets ici en passant, demanderoit d'être approfondie. Il ne seroit pas inutile d'examiner, comme je l'ai déjà dit, jusqu'à quel point l'usage exclusif de l'analyse peut faire tort à la géométrie proprement dite; mais ce n'est pas ici le moment d'entrer dans cette discussion. Je reprends.

Il est convenu que dans la solution du problême proposé, les géometres n'ont pas cherché les *valeurs* des cordes ou des sinus qui devoient leur donner la trisection; c'est donc uniquement la *position* de ces lignes qu'ils ont voulu déterminer.

J'ai dit que cela étoit convenu; peut-être aurois-je dû dire que cela étoit nécessaire.

En effet, rappellons-nous l'exemple que j'ai proposé, dans lequel il s'agit de déterminer une corde exprimée par cette équation $x = \sqrt[3]{3aax - aab}$.

Puisqu'il est de principe que dans une équation quelconque, l'inconnue doit être représentée par autant de *valeurs* différentes qu'il y a d'unités dans l'exposant de la plus haute puissance, dans le cas présent, x doit avoir trois *valeurs* différentes.

En effet, si on se donne la peine d'approfondir la question, & d'achever des opérations que je ne puis qu'indiquer, on verra que dans la solution de ce problême la *valeur* de l'inconnue $x = \sqrt[3]{3aax - aab}$ convient également,

1°. A la corde du tiers de l'arc que l'on cherche, laquelle est la véritable.

2°. A la corde du tiers de ce qui reste de la circonférence, lorsqu'on en a ôté l'arc qui mesure l'angle donné.

3°. A l'une des trois droites égales, que l'on peut mesurer dans le grand segment du cercle, dont le petit segment est formé par la corde de l'arc donné.

D'où il suit que l'équation trouvée, donnant la même expression $\sqrt[3]{3aax - aab}$ pour trois lignes de *grandeur* & de *position* très-différentes, on resteroit nécessairement *indéterminé* dans le choix, si l'on ne s'occupoit pas uniquement de la *position* de celle qui donne la solution du problême, plutôt que de sa *valeur* (1).

---

(1) Au moment où je finis cet essai, la trentieme livraison de l'encyclopédie arrive enfin dans ma province. J'ouvre le tome 3 des mathématiques, & voici ce que je trouve au mot *situation*.

« ..... Cette abondance de l'algebre, qui donne ce qu'on ne lui demande pas, est » admirable & avantageuse à plusieurs égards; mais aussi elle fait souvent qu'un problême » qui n'a réellement qu'une solution, en prenant son énoncé à la rigueur, se trouve » renfermé dans une équation de plusieurs dimensions, & par-là ne peut en quelque » maniere être résolu..... »

Il me semble qu'il y a un peu de mal-adresse à vanter ainsi l'analyse au moment où elle est si fort en défaut. Que m'importe en effet cette grande abondance qui me donne ce que je ne demande pas, si cette science me refuse précisément la seule chose que je lui demande?

L'auteur de l'article, cite à cette occasion un problême qui n'a que deux solutions possibles, lequel cependant étant mis en équation algébrique, s'éleve au quatrieme degré, & présente en conséquence quatre solutions.... Il pouvoit citer une infinité de cas pareils; il pouvoit notamment parler du problême de la trisection.

Il est certain en effet, qu'à parler rigoureusement, ce problême ne peut avoir qu'une solution.

Un angle étant donné avec l'arc, le seul arc qui le mesure, il est bien évident qu'il ne peut exister qu'une seule corde qui puisse sous-tendre le tiers de cet arc.

Cependant lorsque, suivant les méthodes ordinaires, on s'avise de mettre ce problême en équation, on tombe nécessairement dans des généralités embarrassantes. Ce n'est plus simplement l'arc donné que l'on peut considérer individuellement, c'est toute la circonférence, dont cet arc ne fait qu'une partie, & dans laquelle le calcul algébrique, qui donne au problême trois solutions, vous indique, (ainsi que je viens de l'observer), trois cordes qui ont des grandeurs & des positions très-différentes.

Ces trois cordes ayant la même expression $\sqrt[3]{3aax - aab}$, il arrive qu'au moyen de cette prétendue abondance, vous vous trouvez dans l'impossibilité de déterminer avec la simple analyse, quelle est la corde qui appartient véritablement à l'arc donné; ce qui étoit cependant le seul & unique objet de vos recherches.

C'est là sans doute un défaut capital qui a été senti par les véritables géometres qui ont réfléchi sur les avantages & les inconvénients de l'analyse. L'auteur de l'article en convient positivement, puisqu'il ajoute:

« Il seroit à souhaiter que l'on trouvât moyen de faire entrer la *situation* dans le » calcul des problêmes, cela les simplifieroit extrêmement pour la plupart.... »

C'est-à-dire, d'après la définition que l'auteur a donné du mot *situation*, qu'il seroit

Disons-le donc sans nous lasser, tous les géometres qui se sont occupés de la trisection, n'ont cherché jusqu'à ce jour que la *position* d'une corde ou d'un sinus. Leurs travaux n'ont pas été

à souhaiter que l'on trouvât moyen de faire entrer dans le calcul *la position respective des lignes.*

C'est fort bien; mais, de bonne foi, la chose est-elle possible? & pour peu qu'on veuille y faire attention, n'a-t-on pas lieu d'être surpris qu'un grand géometre ait pu former un vœu aussi illusoire?

Plusieurs lignes droites étant tracées sur un plan, leur *situation*, leur *position* dépend uniquement des angles que ces lignes font respectivement entr'elles.

L'art de connoître ces *positions*, n'est donc autre chose que l'art de connoître ces angles. Les *valeurs* de ces lignes, leur *combinaison* sont ici inutiles; tout consiste dans la *comparaison* des arcs plus ou moins grands, des angles plus ou moins obtus.

Désirer que pour mieux connoître ces *positions* on pût les faire entrer dans le calcul des problêmes, c'est demander en d'autres termes, que des portions de circonférence, que des degrés, des minutes, des secondes, &c., entrent comme parties intégrantes d'une équation algébrique dont les membres sont déjà composés de lignes ou de parties de lignes droites: assurément une pareille idée ne peut entrer dans la tête d'aucun géometre; & il n'est pas étonnant que dans le problême que *Euler* a donné, comme ayant rapport à la *géométrie de situation*, l'auteur de l'article n'ait rien trouvé qui ressemble à l'*analyse de situation* dont il parle; & telle qu'il la conçoit. J'ose assurer que cette prétendue *analyse de situations* est une pure chimere; & l'auteur que nous citons paroît se rapprocher un peu de ce sentiment, puisqu'après avoir désiré qu'on pût faire entrer les *situations* dans le calcul des problêmes, il ajoute immédiatement, « que l'état & la » nature de l'analyse algébrique ne paroissent pas le permettre. »

Je le répete avec plaisir, l'analyse est une belle science, mais il en est d'elle comme de toutes les bonnes choses, il ne faut pas en abuser.

L'usage exclusif que l'on a fait de l'algebre dans ces derniers temps, a fait un tort considérable à la géométrie proprement dite. Quels que soient les succès dont nous nous vantons, il est certain que nous avons de grands, de très-grands calculateurs, mais très-peu de véritables géometres.

Ce n'est pas ici le lieu de développer cette vérité, je me contenterai d'une simple réflexion.

L'esprit humain ne peut s'exercer que de deux manieres sur les grandeurs, en les *combinant* ou en les *comparant.*

S'il s'agit de les *combiner*, l'analyse est presque indispensable; elle offre mille méthodes précises, ingénieuses, élégantes, adroites: les ressources qu'elle procure peuvent être regardées comme infinies, ou plutôt, sont indéfinies; car on ne voit pas trop quelles bornes on peut mettre aux multiplications, aux divisions, aux sous-divisions des différentes quantités soumises au calcul.

Mais s'agit-il de *comparer* les grandeurs? oh, c'est une autre affaire; ici tout est limité, tout est circonscrit. Il n'est plus possible de se permettre des suppositions arbitraires. L'esprit humain ne peut plus s'égayer avec des grandeurs de toutes les dimensions, avec des infinis de tous les degrés, avec des radicaux incommensurables: l'imagination désormais moins vagabonde, se trouve resserrée dans des bornes précises & bien marquées; elle ne peut plus s'exercer que sur des lignes, des surfaces & des solides.

Au premier coup d'œil, le champ paroît étroit, la carriere trop resserrée; mais avec un peu de réflexion, l'homme est forcé de convenir que cette carriere est immense, & qu'il lui est impossible de la parcourir toute entiere.

Il est justement effrayé du travail prodigieux qu'exigeroit la seule *comparaison* des

totalement perdus ; ils ſont parvenus à trouver cette *poſition*, non pas à la vérité avec la regle & le compas, ce qui étoit une condition eſſentielle du problême, mais par la ſection d'une des coniques, ou de tortue-courbe, telle que la ciſſoïde, avec le cercle.

Mais, je le demande, de ce que ces ſavants ont réſolu ce problême de cette façon, faut-il en conclure qu'il eſt impoſſible de le réſoudre de toute autre maniere ? Ce ſeroit là une étrange logique, qui tireroit une conſéquence n'ayant aucun rapport avec les principes.

Qu'on y faſſe bien attention, le problême de la triſection n'eſt pas celui-ci.

Etant donné une ligne des abſciſſes, étant donné ſur cette ligne des ordonnées s'élevant à la troiſieme ou à la quatrieme puiſſance, faire paſſer par l'extrémité de ces ordonnées la circonférence d'un cercle.

Il eſt certain qu'un pareil problême ſeroit abſurde ; car on ſait que l'équation du cercle ne paſſe pas le ſecond degré, & que la courbe qui paſſeroit par l'extrémité des ordonnées, telles qu'on vient de les ſuppoſer, ne ſauroit être une circonférence.

Il paroît cependant que c'eſt ſous ce point de vue unique que s'eſt préſentée la queſtion à ceux de nos ſavants modernes qui ont décidé que ce problême étoit inſoluble par la géométrie élémentaire.

Tous ont en effet ſuppoſé le problême réſolu ; & la comparaiſon

---

figures provenantes de la rencontre d'un petit nombre de lignes ſe croiſant ſous toutes les directions poſſibles, d'un petit nombre de ſurfaces ſe coupant ſous tous les angles poſſibles, d'un petit nombre de ſolides ſe pénétrant de toutes les manieres poſſibles.

Il ſent que le génie d'Archimede n'auroit pu ſuffire à un pareil travail, quand même la vie de ce grand homme auroit été prolongée juſqu'à nos jours.

Il conclut de ces réflexions, qu'il eſt encore une infinité de belles découvertes à faire dans la géométrie proprement dite, dans la géométrie de *comparaiſon*.

Il gémit enfin de ce que cette belle ſcience, l'objet des profondes méditations des plus beaux génies de l'antiquité, ſoit aujourd'hui totalement négligée ; de ce qu'elle eſt tombée dans un tel diſcrédit, qu'il ſemble que le ſuprême mérite des ſavants modernes conſiſte à s'enfoncer dans un labyrinthe inextricable de calculs, en ſorte qu'à force d'opérer ſur des quantités abſtraites & purement intellectuelles, ils puiſſent enfin parvenir à ſe paſſer des figures les plus ſimples de la géométrie.

Je m'abſtiens de toutes réflexions ultérieures ſur cet abus, elles ſeroient déplacées dans une note déjà trop longue. Je me bornerai à répéter qu'il ne faut point abuſer des bonnes choſes.

des

des triangles leur ayant donné cette équation $x^3 = 3aax - aab$, ils ont dit :

On ne peut *conſtruire* cette équation qu'en employant des ordonnées du troiſieme degré.

Mais les ordonnées du cercle ne paſſent jamais le ſecond degré.

Donc le lien géométrique de cette équation ne ſauroit être une circonférence.

Donc le problême n'eſt pas ſoluble avec la regle & le compas.

Mais, de grace, faites-y bien attention, il y a ici un mal-entendu conſidérable.

Et d'abord, qui vous a dit que dans ce problême il y avoit *néceſſairement* une équation à *conſtruire ?* Vouloir abſolument que la ligne dont on cherche la *poſition* ſoit conſidérée comme l'ordonnée d'une courbe à *conſtruire*, c'eſt ſe créer à plaiſir des difficultés inſurmontables, de véritables impoſſibilités qui n'exiſtent point.

Il ne s'agit en aucune maniere dans ce problême de *conſtruire* aucune équation, de chercher aucun lien géométrique. Nul ſavant n'a jamais démontré, n'a jamais pu démontrer que ſa ſolution exigeât *indiſpenſablement* une pareille *conſtruction.* Il eſt certain que le problême de la triſection peut s'expoſer tout ſimplement de la maniere ſuivante.

Dans une circonférence *donnée*, dont une partie ſert de meſure à un angle *donné*, trouver la *poſition* d'une corde dont la *valeur* peut s'élever à une puiſſance quelconque, & même être une incommenſurable.

La queſtion ainſi poſée, comment pouvoit-on affirmer qu'elle eſt inſoluble, même par la géométrie élémentaire, puiſque du moment qu'on fait abſtraction de toute eſpece de *valeur*, on réuſſit tous les jours à déterminer avec elle ſeule la *poſition* de lignes de toute eſpece de puiſſance.

Mais allons plus avant.

Lorſque j'ai expoſé la méthode qui paroît la plus ſimple de préſenter ce problême, j'ai adopté les idées généralement reçues par les géometres. Ils paroiſſent en effet avoir décidé que le moyen le plus ſûr de parvenir à la ſolution, c'eſt de ſe borner à trouver la corde du tiers de l'arc qui meſure l'angle donné, ou le ſinus de la ſixieme partie de cet arc.

Or, rien n'eſt plus arbitraire que cette déciſion. Il eſt bien ſûr que les ſavants ont tous ſuivi cette route, mais il eſt certain qu'elle ne doit pas être la ſeule ; on voit aiſément qu'en ſuppoſant une circonférence dont une partie meſure un angle donné, ou, plus ſimplement encore, (& ſans qu'il ſoit queſtion de circonférence), on voit qu'entre les côtés d'un angle donné, on peut tirer une infinité de lignes qui ne ſeront ni cordes, ni ſinus, & dont la *poſition* ſeroit telle, que ſi par un point d'une de ces lignes & par le ſommet de l'angle, on tiroit une nouvelle ligne, il en réſulteroit la triſection de l'angle donné.

Cette marche nouvelle auroit beau paroître ſinguliere, elle n'en ſeroit pas moins bonne ſi elle menoit au but.

D'après cela, il eſt certain que le problême pourroit s'énoncer d'une maniere très-générale & très-vraie, en diſant :

Entre les deux côtés d'un angle donné, déterminer la poſition d'une ligne quelconque, d'une valeur quelconque, & qui ſoit telle que ſi par un point de cette ligne & par le ſommet de l'angle on tire une nouvelle droite, celle-ci détermine le tiers de l'angle donné.

Et alors, que deviennent toutes les difficultés dont nos méthodes modernes ſont hériſſées ? On ſent qu'il ne s'agit plus ici de trouver ni cordes, ni ſinus ; il n'eſt plus queſtion ni d'ordonnées, ni de *conſtruire aucune équation*, ni de tracer aucune eſpece de courbe, & toutes les impoſſibilités prétendues s'évanouiſſent.

J'ai dit que les cordes & les ſinus que l'on cherche aujourd'hui dans la triſection, & qu'on a vu s'élever à la troiſieme & à la quatrieme puiſſance, pourroient s'élever plus haut, & même devenir des incommenſurables.

Cela s'apperçoit aiſément, ſi l'on fait attention que dans les deux exemples que j'ai cités, on n'a employé pour trouver l'expreſſion de ces cordes & de ces ſinus, que le moins de lignes poſſibles, on n'a comparé que le moins de triangles poſſibles ; d'où il faut conclure, que ſi l'on comparoit un plus grand nombre de lignes ou de triangles, on pourroit arriver à x^5, x^7, & même à $x = \sqrt{2}$, ou à des incommenſurables.

Suppoſons, par exemple, que les deux côtés aA, bA, (*Fig.* 2me.) d'un angle quelconque aAb ſoient indéterminés.

On peut toujours avec un de ces côtés aA, & une autre ligne Ap, faire un angle aAp de 45 degrés.

Supposons que sur le côté indéfini Ap on détermine à volonté une partie quelconque AP $= a$.

Si du point P on éleve une perpendiculaire sur Ap, elle rencontrera en quelque point C le côté indéfini Aa de l'angle aAb, qu'il s'agit de diviser en trois parties égales.

Le triangle isocele & rectangle CPA, donnera $CA^2 = 2CP^2$.

La ligne CA sera une vraie incommensurable, puisqu'on aura $CA = \sqrt{2CP^2}$, ou bien en mettant à la place de CP sa valeur $= a$, on aura $CA = \sqrt{2a^2}$.

Or, il est évident que si, dans l'exemple cité, *pag.* 17, (*Fig.* 2me.), on supposoit au rayon CA cette *valeur* $\sqrt{2a^2}$, & que partant de-là on cherchât à en déduire la *valeur* de la corde DF, il est évident, dis-je, qu'on arriveroit nécessairement à une incommensurable.

Mais si l'on s'avisoit d'en conclure que la solution du problême est impossible, on avanceroit une grande erreur; car, je le demande encore une fois, qu'importe pour cette solution la *valeur* de DF, & même celle de CA ?

Nous venons de voir que cette ligne CA étoit une vraie incommensurable, puisqu'on avoit $CA = \sqrt{2a^2}$.

Cependant cette ligne en a-t-elle moins une *grandeur* absolue très-réelle, une *longueur* très-déterminée ? N'est-ce pas une ligne donnée de *position* ? Ne peut-on pas, quand on voudra, se servir de cette ligne comme d'un rayon pour décrire une circonférence dont la partie CFDB mesurera l'angle donné aAb ?

Ne peut-on pas toujours tirer la corde CB, dont la *position* sera très-connue, sans qu'on puisse en fixer la *valeur* ?

Ne peut-on pas toujours abaisser du centre A une perpendiculaire sur cette corde CB, qui la divisera en deux parties égales au point H ?

La ligne AH, quoique très-inconnue quant à sa *valeur*, quoique très-incommensurable, ne sera-t-elle pas donnée de *position*, & ne pourra-t-on pas toujours en déterminer la moitié ?

Cette moitié ne pourra-t-elle pas toujours être portée sur le prolongement de la droite HA ? ce qui donnera une partie AL $= \frac{1}{2}$ AH, c'est-à-dire, que sans avoir la *valeur* de AL, qu'on ne peut connoître, puisque l'on n'a pu assigner celle de AH, on ne laisse pas de déterminer très-géométriquement la *position* du point L.

Par ce point L, ne peut-on pas toujours mener une parallele à la droite CB ?

Sur cette parallele, ne peut-on pas prendre une partie LO égale à la moitié de HB ? & quoiqu'on ne puisse dire quelle est la *valeur* de cette partie LO, en aura-t-on moins sa *position* géométrique, & par conséquent celle du point O ?

Par ce point O, ne peut-on pas toujours mener une parallele OM à la droite LE ?

Enfin, par le point A & entre les lignes OL, OM, considérées comme des asymptotes, ne peut-on pas décrire (1) une hyperbole qui coupera la circonférence en un point D, de maniere à résoudre ce problême (2) ?

C'est-à-dire, que si du point de section D, l'on tire une parallele à la corde BC, cette parallele coupera la circonférence en un autre point F, qui déterminera la vraie *position* d'une autre corde DF, dont la *valeur* sera tout aussi inassignable que celle des droites CB, AH, AL, LO, &c.; enfin de toutes celles que l'on peut *déduire* du rayon CA, lequel étoit lui-même un incommensurable; & cependant le problême n'en est pas moins résolu, puisqu'il est démontré que les points F & D sont réellement placés au tiers de l'arc donné AFDB.

D'où il faut conclure qu'il importe peu de savoir quelle est la *valeur*, quelle est la *puissance* de la corde que l'on cherche, puisque l'objet unique étant de trouver sa *position*, cela n'influe en rien sur les différentes méthodes que l'on peut employer pour la déterminer.

Trouver la *valeur* d'une ligne, ou trouver sa *position*, sont donc deux choses bien différentes. Cela est si évident, qu'il pourra paroître ridicule que je me sois attaché à développer une vérité aussi sensible. Cependant, comme dans ces derniers temps on a souvent perdu de vue cette vérité; comme l'usage de tout *combiner*

(1) Voyez éléments de la Caille.
(2) Voyez Guisnée.

l'emporte généralement ſur celui de *comparer ;* comme cette méthode eſt ſouvent la ſource de beaucoup de faux jugements, je ne crois pas hors de propos de dire encore un mot, qui pourra jeter un nouveau jour ſur le mal-entendu dont je me plains.

Suppoſons un ſavant géometre totalement livré à l'analyſe & à la *combinaiſon des grandeurs.*

Entre un écolier qui lui préſente un carré partagé par une diagonale, & qui le prie de lui trouver la moitié de cette diagonale.

Le ſavant décide que cela n'eſt pas poſſible, & voici ſes raiſons.

Le côté de votre carré, dit-il, étant connu, peut être fait $= a$.

La diagonale étant une inconnue, ſera $= x$.

Cette diagonale étant l'hypothénuſe d'un triangle rectangle, il eſt clair que l'on aura l'équation $x^2 = 2a^2$, & par conſéquent $x = \sqrt{2a^2}$ & $\frac{1}{2} x = \frac{1}{2} \sqrt{2a^2}$; d'où j'ai raiſon de conclure, ajoute le géometre, qu'il eſt impoſſible de trouver la moitié de cette diagonale.

Sur cela, l'écolier prend une regle & un compas ; du ſommet du triangle rectangle, il abaiſſe une perpendiculaire ſur la diagonale ou ſur l'hypothénuſe de ce triangle, & il détermine parfaitement la moitié de cette diagonale.

Y auroit-il ici une contradiction, & les principes du géometre ſeroient-ils faux ? point du tout ; l'écolier a raiſon, & le géometre n'a pas tort.

Quand celui-ci affirme qu'il ne ſauroit trouver la demi-diagonale, il entend trouver ſa *valeur*, c'eſt-à-dire, que le côté du carré étant donné, (deux pouces, par exemple), il ne peut déterminer au juſte combien la demi-diagonale a de pouces, de lignes, &c. &c. ; & en cela il a grande raiſon, puiſque le rapport numérique $x = \sqrt{2a^2}$ eſt vraiment inaſſignable.

D'un autre côté, l'écolier qui dans les éléments de géométrie a appris à ne point ſe mêler de la *valeur* des lignes, s'embarraſſe peu de celle de la demi-diagonale ; il ſe contente en abaiſſant une perpendiculaire, d'en déterminer la *poſition ;* & s'il ne vous en donne pas la *valeur*, il en fixe la grandeur relative, la grandeur comparée, la grandeur de juxta-poſition ; & c'étoit là tout ce que la géométrie proprement dite devoit trouver.

On me prévient ſans doute dans l'application qu'on peut faire de ce raiſonnement, au problême de la triſection.

En cherchant la ſolution de ce problême, des géometres s'apperçoivent qu'il ſe réduit à trouver une corde dont l'expreſſion eſt $\sqrt[3]{3aax - aab}$, & ils décident que cela ne ſe peut pas.

On ne peut pas déterminer la *valeur* de cette ligne : cela peut être généralement vrai.

On ne peut pas même trouver ſa *poſition :* cela eſt eſſentiellement vrai, ſi pour le faire on eſt réduit à chercher avec la regle & le compas le lien géométrique d'une équation du troiſieme degré.

Mais ſi dans une circonférence *donnée*, ou, plus ſimplement, entre les côtés d'un angle *donné*, on demande de déterminer par la ſyntheſe la *poſition* d'une ligne s'élevant au troiſieme degré ou à un degré quelconque, laquelle puiſſe réſoudre le problême de la triſection, il eſt conſtant par l'expérience que juſqu'à ce jour cela ne s'eſt pas fait ; mais rien ne prouve que cela ne peut pas ſe faire.

Voici donc, ſelon moi, comment pour être exact, & ſur-tout pour être vrai, l'on auroit dû s'exprimer ſur ce fameux problême.

Depuis l'origine des temps, les hommes ſe ſont occupés de la triſection de l'angle.

Séduits par la ſimplicité apparente de ce problême, leur curioſité a été d'autant plus excitée, qu'ils ont trouvé des obſtacles plus grands & plus inattendus.

Tous les travaux qu'ils ont fait juſqu'à ce jour n'ont pu faire imaginer d'autres moyens pour le réſoudre, que de trouver la corde du tiers de l'arc qui meſure l'angle donné, ou le ſinus de la ſixieme partie de cet arc.

Il peut ſans doute y avoir d'autres moyens de chercher cette ſolution, & on ne ſait point ſi dans le nombre infini de lignes que l'on pourroit tirer entre les deux côtés d'un angle, & qui ne ſeroient ni des cordes, ni des ſinus, on ne pouvoit pas déterminer la *poſition* de telle de ces lignes qui réſoudroit le problême.

En ſuppoſant que l'on s'en tienne à trouver une corde ou un ſinus, tout conſiſte à déterminer la *valeur* ou la *poſition* de ces lignes.

Les recherches néceſſaires pour parvenir à ce but, n'ont pu ſe faire que de deux manieres ; ou par la géométrie élémentaire, en ne ſe ſervant que de la regle & du compas ; ou par les hautes ſciences, en employant des courbes plus élevées que le cercle.

Ceux qui ont employé cette derniere méthode n'ont pas travaillé en vain ; il y a plus de deux mille ans que par l'interſection des coniques, ou d'autres courbes mécaniques avec le cercle, les géometres ont trouvé, non pas la *valeur*, mais la *poſition* des cordes & des ſinus qu'ils cherchoient.

Ceux qui ſe ſont obſtinés à ſuivre la premiere méthode, ceux qui n'ont voulu employer que la regle & le compas, ont été moins heureux ; ils n'ont pu trouver juſqu'à ce jour ni la *valeur*, ni la *poſition* des lignes qui leur étoient néceſſaires ; & quatre mille ans de travaux inutiles, ſuffiſent pour faire préſumer que ceux qui à l'avenir voudront ſuivre cette route, ne doivent pas ſe flatter d'un plus heureux ſuccès.

Voilà, je crois, le véritable état de la queſtion ; c'eſt ainſi, du moins qu'elle a été conſidérée par les géometres de tous les temps & de tous les pays ; à l'exception cependant de quelques ſavants modernes, qui ont cru pouvoir décider que la ſolution de ce problême étoit impoſſible par la géométrie élémentaire, ont avancé ſans héſiter, que, graces à l'analyſe, il étoit aujourd'hui rigoureuſement démontré que le problême étoit inſoluble en n'employant que la regle & le compas.

Sans prétendre critiquer des hommes d'un mérite ſupérieur, & dont les opinions paroiſſent devoir être des autorités, je me ſuis permis d'approfondir les raiſons ſur leſquelles cette déciſion étoit fondée ; j'ai apperçu, & je crois avoir démontré, non pas aucune erreur dans les principes, mais un mal-entendu dans leur application.

Il y a même cela de ſingulier dans ce mal-entendu, qu'en partant des principes adoptés par ces géometres modernes, on pourroit en déduire des conſéquences abſolument oppoſées à celles qu'ils en ont tiré.

Répétons leurs raiſonnements.

Le problême de la triſection eſt rigoureuſement ſoluble, puiſqu'il eſt clair qu'un tiers exiſte dans un tout.

Le meilleur moyen de le résoudre, est de chercher la corde du tiers d'un arc donné.

Toutes les méthodes employées pour trouver cette corde, donnent une équation du troisieme degré.

Mais on ne peut chercher le lien géométrique d'une pareille équation, qu'en employant des moyens plus compliqués que la regle & le compas.

Donc la construction de cette équation est impossible par la géométrie élémentaire.

Donc le problême est insoluble par la géométrie élémentaire.

Mais ne pourroit-on pas leur dire :

S'il est vrai que l'analyse vous donne constamment pour l'expression de la corde du tiers d'un arc, une équation du troisieme degré ;

S'il est incontestable, (comme on ne peut le nier), qu'une pareille équation ne peut se *construire* avec la regle & le compas ;

Si en conséquence vous êtes obligé d'employer des moyens plus ou moins mécaniques ;

Il faut donc en conclure que par l'analyse vous n'arriverez jamais à avoir *au juste* le tiers d'un arc donné, puisqu'une opération mécanique ne peut jamais vous donner qu'une *approximation*.

Et puisque, d'un autre côté, vous êtes convenu que le problême devoit avoir une solution rigoureuse,

Il suit donc nécessairement de vos propres principes, que l'analyse ne pouvant vous donner qu'une *approximation*, il ne vous reste d'autre ressource pour trouver la véritable solution, que la synthese.

On sent au surplus que mon raisonnement ne porte que sur les géometres qui ont annoncé la solution de ce problême, & qui ont employé la section des courbes plus ou moins mécaniques.

En supposant en effet que l'on se serve des plus simples de ces courbes, de la cissoïde ou de la conchoïde, par exemple ; en supposant que l'on adopte la construction élégante qu'a donné le grand Newton, il n'en est pas moins vrai, que rigoureusement parlant, on ne peut se vanter de déterminer le tiers d'un arc avec cette précision géométrique qu'on obtient dans les opérations où l'on n'emploie que la regle & le compas ; il n'en est pas moins certain que

que l'on n'aura jamais qu'une solution approchée, & que la véritable solution, telle qu'on la cherche depuis l'origine des temps, est encore à trouver.

On voit donc clairement que tout ce que les géometres modernes pouvoient conclure légitimement de leurs principes, c'est qu'il est rigoureusement démontré qu'on ne peut *construire* une équation du troisieme degré en ne se servant que de la regle & du compas.

Mais comme il n'est démontré nulle part que la solution du problême en question exige *nécessairement* la *construction* d'une équation du troisieme degré,

Il suit, en bonne logique, qu'ils ont eu tort de conclure *généralement* d'un principe que personne ne leur conteste, la prétendue impossibilité de résoudre *en aucun cas* ce problême par la géométrie élémentaire.

En deux mots, (car en pareille circonstance il ne faut pas craindre de se répéter), en deux mots, pour être conséquent, il ne falloit pas se borner à dire que pour résoudre le problême de la trisection, *il etoit d'usage* de *construire* une équation du troisieme degré.

Il falloit commencer par prouver que cette *construction* étoit d'une *nécessité* indispensable; que c'étoit là une condition *sine qua non;* qu'il n'y a pas décidément d'autre maniere d'envisager la question, que celle qui a été pratiquée jusqu'à ce jour.

Ce premier principe une fois bien établi, on auroit continué; & posant pour second principe non contesté, que la *construction* d'une équation du troisieme degré exige des moyens plus compliqués que la regle & le compas,

On auroit pu conclure, avec juste raison, que ce problême étoit insoluble par la géométrie élémentaire.

Mais il est évident que sans toutes ces conditions, les géometres n'étoient nullement fondés à décider, d'une maniere aussi positive, une question aussi douteuse; & il semble qu'ils auroient mieux fait d'imiter la prudence des anciens, qui, après avoir cherché inutilement cette solution par la géométrie élémentaire, se sont contentés d'abandonner cette méthode, sans décider qu'elle étoit impraticable.

Cette matiere étoit sans doute très-abstraite ; j'ai tâché d'y mettre le plus de clarté qu'il m'a été possible ; je souhaite d'avoir pu porter la conviction dans tous les esprits.

Quant à moi, je suis tellement convaincu des vérités que je viens d'exposer, que dans la recherche du problême de la trisection, j'ai établi pour principe fondamental, qu'il falloit sur toutes choses m'abstenir de chercher la *valeur* d'aucune espece de lignes ; qu'il falloit m'interdire toute opération algébrique ; bien convaincu que si je me servois de l'analyse, j'arriverois à des équations au-dessus du second degré, & que je me mettrois dans l'impossibilité absolue de remplir la condition essentielle du problême, celle de ne se servir que de la regle & du compas.

Je déclare donc d'avance que je me suis tenu constamment, (ainsi que je l'ai déjà insinué), à généraliser ce problême, & à chercher entre les côtés d'un angle donné, la *position* d'une ligne qui soit telle que, &c. &c. *Voyez page 26.*

Quelque peu d'apparence qu'il y ait qu'on réussisse jamais à résoudre le problême de la trisection avec le seul secours de la géométrie élémentaire, il n'étoit pas inutile de faire voir que l'impossibilité de cette solution n'est pas démontrée.

Persuadés de cette vérité, il peut se trouver des géometres qui auront encore le courage de se livrer à ces recherches ingrates. Il est à craindre sans doute qu'ils n'obtiennent aucun succès relativement à la trisection ; mais qui sait jusques où les conduiront leurs travaux ? qui sait si en cherchant la solution de ce problême, ils ne seront pas conduits à trouver dans la *comparaison* des grandeurs, certains rapports heureux, qui jusqu'à ce jour sont restés inconnus ?

Car, pour le dire ici en passant, quels que soient les progrès dont nous nous vantons dans les sciences, la géométrie proprement dite, la géométrie de *comparaison* n'a pas fait un pas depuis deux mille ans ; elle est encore dans nos mains telle que nous l'avons reçue des Grecs ; & cependant, qui doute que dans la *comparaison* des lignes, des surfaces & des solides, il n'existe une infinité de rapports dont nous n'avons aucune idée ?

Je l'ai déjà dit, c'est une belle science que celle de l'analyse ; il a fallu de puissants génies pour la porter au point étonnant de perfection où nous la voyons (1). Mais soyons vrais ; cette science n'a vraiment pour objet que des abstractions : quelque satisfaisants,

(1) C'est sur-tout dans l'application de l'analyse à l'astronomie, qu'on a obtenu des succès qui tiennent du prodige.

Depuis l'époque du problême des trois corps, & principalement dans ces derniers temps, il a paru dans ce genre des ouvrages à jamais célebres dans l'histoire des sciences, & qui couvrent de gloire leurs auteurs.

Après avoir rendu à des talents aussi distingués les justes hommages qui leur sont dus, qu'il me soit permis d'ajouter ici quelques réflexions que ces savants illustres seront les premiers à avouer.

Les anciens n'ont point connu notre analyse ; je sais que ce fait a été contesté, mais aujourd'hui il est assez généralement reconnu pour indubitable.

Quelques auteurs ont prétendu que la méthode des exhaustions avoit été le germe de nos méthodes analytiques.

D'autres ont dit que les polygones inscrits & circonscrits étoient évidemment la source de nos infiniment petits, & de nos indivisibles.

D'autres enfin ont eu le courage d'avancer que les anciens connoissoient parfaitement notre analyse ; que sans son secours ils n'auroient pu faire dans la géométrie les belles découvertes qu'ils nous ont transmises ; mais que par un orgueil impardonnable, ils s'étoient obstinés à cacher tous les secours qu'ils avoient tiré de l'algebre pour trouver les démonstrations qui leur font le plus d'honneur.

Il est étrange qu'on ait osé soutenir une pareille assertion.

Comment soupçonner qu'après avoir connu l'analyse, les anciens ne nous aient laissé dans leurs ouvrages aucune trace de la formation de nos suites & de leurs sommations ?

Comment imaginer qu'ils aient pu mettre de la vanité à cacher soigneusement des connoissances qui ont fait une grande partie de la gloire des Newton & des Leibnitz ?

Comment se persuader qu'une science qui dans les temps reculés a servi seule, (dit-on), à trouver les belles propositions *du carré de l'hypothénuse*, *du rapport de la sphere au cylindre, &c. &c. &c. &c.* ; comment, dis-je, se persuader que cette science n'a pu, dans ces derniers temps, faire trouver aux Descartes, aux Newton, aux Euler, aux Bernouli, &c. &c., une seule proposition nouvelle que l'on pût ajouter aux éléments d'Euclide ?

Pourquoi l'une des plus grandes gloires de Descartes est-elle, non pas d'avoir trouvé une proposition nouvelle en géométrie, mais d'avoir eu l'adresse d'appliquer l'analyse à des propositions anciennes ?

Est-ce que nos derniers géometres sont inférieurs aux anciens ? Je ne le pense pas ; mais ayant suivi une marche différente, ils n'ont pu arriver au même but.

Convenons en de bonne foi, les anciens n'avoient aucune connoissance de nos formules analytiques, ni de l'échafaudage de nos calculs ; tout leur secret consistoit à *comparer* attentivement des lignes, des surfaces & des solides.

Le fruit de leurs profondes méditations étoit des démonstrations purement synthétiques, des démonstrations par *juxta-position*, des démonstrations à l'absurde, (*ex absurdo.*)

Ces démonstrations, que nous sommes presque tentés aujourd'hui de traiter d'absurdités, étoient cependant les seules qui parussent convenables à ces grands génies ; & lorsqu'on voudra y faire une sérieuse attention, on verra qu'étant les seules qui tombent véritablement sous les sens, elles sont par cela même le plus à portée de l'entendement humain ; en sorte qu'elles seront toujours préférées à des démonstrations plus savantes, mais qui ne sont fondées que sur des abstractions.

Qu'on me soutienne que mon bâton est plus petit que celui de mon voisin, je les applique immédiatement l'un sur l'autre, & si je vois qu'il s'en faut de quatre doigts que les extrémités ne se touchent, je reste convaincu ; cette preuve est pour moi beaucoup plus intime que si tenant les bâtons toujours éloignés, on s'avisoit de les comparer avec

quelque singuliers que soient les résultats que nous donnent tous nos calculs, ce ne sont pourtant, dans bien des cas, qu'une suite de *combinaisons* à peu près inutiles. Ne seroit-il pas temps d'en revenir à la géométrie proprement dite ?

Il me semble qu'il n'y auroit pas d'inconvénients à descendre un peu de ces hautes régions dans lesquelles l'esprit humain s'est élancé avec tant de hardiesse, pour s'abaisser enfin jusqu'aux choses usuelles, jusqu'aux choses qui sont vraiment à la portée de nos sens.

Pleins d'admiration pour ces génies sublimes qui se livrent entiérement à la *combinaison* des grandeurs purement intellectuelles, qui après avoir *conçu* & assigné des valeurs à x^5, x^7, x^{10}, &c. &c., partent de là comme d'autant d'unités pour établir des calculs d'un ordre infiniment supérieur, ne pourrions-nous pas nous borner tout bonnement à *comparer* des lignes, des surfaces & des solides ? Ce genre de travail, aujourd'hui si négligé, (tranchons le mot), aujourd'hui si méprisé, ne présente-t-il pas à notre esprit

---

vingt grandeurs intermédiaires, & qu'en *combinant* tous ces rapports, on parvînt à me démontrer comme deux & deux font quatre, que réellement mon bâton est le plus petit.

Sans doute je serois bien forcé de convenir de cette vérité, puisqu'on ne peut nier que deux & deux font quatre ; mais elle ne me fait pas le même plaisir que celle que j'ai éprouvée en appliquant les deux bâtons l'un sur l'autre, & en jugeant d'après une comparaison immédiate, d'après une démonstration de *juxta-position.*

Mais ceci me meneroit trop loin, & en voilà beaucoup pour une simple note ; ajoutons simplement une réflexion.

Les anciens n'avoient qu'une marche en géométrie, celle de la synthese.

Nous en avons deux, la synthese & l'analyse. Il semble que dans ces derniers temps nous ayons entiérement abandonné la premiere pour nous livrer exclusivement à la seconde. Avons-nous raison ? je n'en crois rien. Nous avons des hommes de génie qui ne se sont occupés que des méthodes analytiques, je viens d'en convenir ; mais qui sait jusqu'où ils auroient été, s'ils avoient voulu exercer leurs talents sur la géométrie de *comparaison ?* Quelque juste, quelque grande que soit la gloire qu'ils ont acquise, aucun d'eux n'a eu la prétention de s'égaler à Archimede. C'est cependant par la synthese seule que cet homme étonnant est parvenu à nous donner le rapport de la sphere au cylindre, la quadrature de la parabole, les propriétés de la spirale, la construction de la vis sans fin, les propriétés du lévier, les principes de la statique & de l'hydro-statique, &c. &c. N'étoit-ce pas un sujet d'ambition assez considérable pour nos auteurs modernes, d'ajouter une seule vérité mathématique à tant de belles découvertes, pour les engager à suivre la même marche que celle d'Archimede, & avec l'étendue de génie que nous leur connoissons ? N'y a-t-il pas lieu de penser qu'ils en seroient venu à bout ? Malheureusement ils ont préféré de se livrer entiérement à ce que nous appellons les hautes sciences, c'est-à-dire, à des calculs interminables ; ils ont abandonné à des écoliers la géométrie proprement dite, la géométrie de *comparaison*, & il en est résulté, comme je viens de l'observer, que cette science n'a pas fait un pas depuis les Grecs jusqu'à nous.

un champ assez vaste? Le bon sens nous dit que dans cette géométrie de *comparaison*, il reste un grand nombre de vérités à découvrir; il ne faut que le vouloir, &..... méditer.

Je m'estimerai heureux, si le peu de réflexions que je viens de faire servent à ramener quelques bons esprits, qui ne dédaigneront pas de s'occuper encore de la géométrie élémentaire.

L'objet principal qui m'a mis la plume à la main, ne fût-il qu'une chimere, mon travail ne sera point perdu, si ce foible essai peut servir à redresser quelques idées sur l'usage immodéré & exclusif de l'analyse, ainsi que sur le mépris injuste qu'on affecte pour la marche un peu lente, mais toujours sûre, de la synthese.

Persuadé que la solution synthétique du problême de la trisection n'étoit pas impossible, j'avoue franchement que je sentis renaître pour un moment l'espoir de la trouver; mais ce moment fut court.

Si mes raisonnements m'avoient convaincu que l'impossibilité n'étoit pas démontrée, ils m'avoient aussi prouvé que la probabilité du non succès étoit assez forte pour ôter à tout homme sensé l'envie de s'occuper de pareilles recherches.

Cependant comme j'avois pris mon parti, & que j'étois résolu de faire abstraction de tout ce qu'on avoit dit & pensé sur cette matiere, je me livrois plus que jamais à mes réflexions, & j'allai en avant.

Je me supposai placé vis-à-vis d'une telle base, & là, sur ce plan parfaitement nu, je me figurai deux lignes se rencontrant dans un point, & formant un angle qu'on me proposoit de partager en trois parties égales.

Jusques-là c'étoit demander l'impossible, puisqu'il n'y avoit de donné que la *position* de deux lignes indéterminées.

Je continuai, & je vis que du point de rencontre de ces deux lignes comme centre, & avec un rayon pris à volonté, je pouvois décrire une circonférence dont une partie mesureroit l'angle donné, laquelle couperoit les deux lignes en deux points, & en formeroit deux rayons.

Ici j'apperçus dans le problême deux grandeurs données de *position*, & une ligne véritablement *connue*, le rayon; mais, comme je l'ai dit, c'étoit la seule.

Il eſt vraï que des trois points dont la poſition étoit déterminée, j'étois libre de tirer une infinité de lignes dans toutes les directions poſſibles. Il eſt vrai que je pouvois les *comparer* entr'elles dans leurs différentes *poſitions ;* mais je ne pouvois aſſigner de *valeur abſolue* à aucune d'elles ; j'étois réduits pour cela à les *combiner* avec le rayon, & à déduire cette *valeur* de celle que j'avois fixée pour ce rayon. Je ne pouvois donc, dans aucun cas, avoir de véritable *donnée* que ce rayon ; & le moyen d'entreprendre, avec une ſeule *connue*, la ſolution de ce problême.

Il eſt certain qu'en y réfléchiſſant ſérieuſement, je me vis alors dans une nudité effrayante, & que le courage me manqua abſolument.

Si je n'avois pas promis de ne me permettre aucun écart d'imagination, je pourrois comparer ma ſituation à celle d'un homme qu'un bon ou mauvais génie tranſporteroit tout-à-coup au milieu des déſerts de la Lybie, & là, le plaçant ſur un tertre, lui diroit : « Tu vois cette plaine immenſe de ſables arides, elle n'eſt » bornée que par l'horizon, & tu en occupes le centre. Dans un » point de ſa vaſte étendue, j'ai placé un diamant d'un prix » ineſtimable ; prends telle route qu'il te plaira de choiſir ; décides » ſi tu iras ſur ta droite ou ſur ta gauche ; marches en avant ou » reviens ſur tes pas ; toutes les directions te ſont permiſes ; ſi tu » es aſſez heureux pour choiſir la véritable, elle te conduira ſur » le joyau, & il ſera ta récompenſe. »

Il faut convenir qu'à moins d'être fou, il n'eſt aucun homme qui fût aſſez hardi pour tenter une pareille aventure, & qui oſât ſe mettre en chemin.

Telle étoit ma ſituation, lorſque je fus entiérement rebuté par une réflexion qui m'avoit échappée juſqu'à ce moment, mais qui n'en étoit pas moins frappante.

J'avois obſervé que la géométrie élémentaire ne *combinoit* point, mais qu'elle *comparoit.*

J'avois obſervé qu'elle ne cherchoit en aucune maniere à aſſigner la *valeur* des lignes, mais à déterminer leur *poſition.*

Enfin j'avois remarqué que dans la triſection, le problême ne conſiſtoit point, comme on affecte de le dire, à chercher le lien géométrique d'une équation dont les ordonnées s'élevent au troisieme degré, mais à trouver dans une circonférence *déjà donnée*, la *position* d'une corde ou d'un sinus.

J'en avois conclu que puisqu'on faisoit abstraction de toute espece de *valeur*, même de celle du rayon, il importoit peu que cette corde s'élevât à la troisieme, à la quatrieme, ou à une puissance quelconque ; il importoit peu même qu'elle fût une incommensurable ; tout cela n'empêchoit point qu'on ne pût en trouver la *position*.

Donc, me dis-je alors, s'il se rencontre une corde élevée à la cinquieme, à la septieme, à la neuvieme, &c. puissance ; si dans une équation l'inconnue devient x^5, x^7, x^9, x^{11}, &c., il s'ensuivroit que même avec la géométrie élémentaire, on pourroit trouver la *position* de cette corde.

Mais il est démontré dans l'analyse que partager un angle en cinq, en sept, en neuf, &c. parties égales, ce n'est autre chose que résoudre un problême du cinquieme, du septieme, du neuvieme, &c. degré.

Donc il faudroit conclure de mes principes, qu'avec la regle & le compas on peut très-bien partager un angle, ou l'arc qui le mesure, en cinq, en sept, en neuf, &c. &c. parties égales.

On sent combien cette conséquence me parut révoltante.

En effet, toujours dominé par les préjugés de mon éducation, ma premiere idée fut que la solution de ces problêmes supposoit la nécessité de chercher les liens géométriques de différentes équations, dont les inconnues ou ordonnées étoient x^5, x^7, x^9, &c. &c. ; & quel est le géometre assez fou pour entreprendre une pareille *construction* avec le seul secours de la regle & du compas ?

Mais bientôt ramené par toutes les raisons que j'ai déduites, je vis qu'ici, comme dans la trisection, il ne s'agissoit nullement de *construire*, aucune espece d'équation ; je vis qu'il suffisoit de trouver dans une partie de circonférence *donnée*, la *position* de ces inconnues ; & j'en conclus que la conséquence, qui d'abord m'avoit paru si révoltante, étoit cependant très-juste & nécessairement déduite des principes.

J'allai plus loin ; & supposant que les cordes cherchées, au lieu d'être exprimées par x^5, x^7, x^9, &c. &c., le seroient par x^4, x^8, x^{16}, &c. &c., je vis qu'il falloit en conclure que la *position* de ces cordes pouvoit être déterminée par la simple géométrie élémentaire, c'est-à-dire, que l'on pouvoit, avec la regle & le compas, partager un angle en 4, 8, 16, &c. parties égales.

On sent très-bien que cette derniere conséquence ne m'effraya pas comme la premiere. Les notions de mon enfance se présenterent à mon esprit, & je me rappellai qu'il étoit convenu par tous les géometres que depuis l'origine de la science, on sait partager un arc en 4, 8, 16, &c. &c. parties égales.

Entraîné cependant par un sentiment involontaire, je ne donnai point un entier assentiment à une idée qui me paroissoit autrefois aussi simple.

Je me permis des doutes, j'osai analyser les raisons des géometres, & si je ne découvris pas une erreur, j'apperçus clairement un abus de mots puéril, une misérable foiblesse; je découvris l'orgueil humain avec ses véritables caracteres, extrême dans ses prétentions, minutieux dans ses moyens.

Que faisons-nous en effet lorsque nous affirmons que nous savons diviser un arc en 4, 8, 16, &c. &c. parties égales; que nous pouvons le diviser suivant la progression géométrique infinie ∺ 4 : 8 : 16 : 32 : 64 : &c. &c.? nous ne faisons autre chose que, sous un vain étalage de mots scientifiques, cacher notre extrême pénurie.

On pourroit nous dire avec vérité: vous savez diviser un arc en deux parties égales, & puis voilà tout.

Que l'on vous donne un arc de quatre degrés avec sa corde, si du centre vous abaissez une perpendiculaire sur cette corde, vous la divisez en deux parties égales, ainsi que l'arc qu'elle sous-tend, & par ce moyen vous obtenez un arc de deux degrés, duquel vous pouvez tirer la corde.

Sur cette derniere corde dont vous avez la *position*, mais non pas la *valeur*, si vous abaissez une nouvelle perpendiculaire, elle sera partagée en deux parties égales, ainsi que l'arc qu'elle sous-tend, & vous aurez un arc d'un degré avec la *position* de sa corde.

Donc, dites-vous, j'ai partagé l'arc de quatre degrés en quatre parties égales, puisque je suis parvenu à avoir un arc d'un degré.

Je l'accorde sans difficulté; mais je vous repete que vous abusez puérilement

puérilement des termes, lorſque vous aſſurez qu'au moyen de ces petites manipulations, vous ſavez diviſer un arc en quatre, en huit, en ſeize, &c. &c. parties égales.

Diviſer un arc en quatre, en huit, &c. parties, c'eſt trouver d'une maniere *directe* la quatrieme, la huitieme, &c. partie de cet arc; c'eſt déterminer ſans aucune ſous-diviſion, & par une opération *immédiate*, la *poſition* de la corde de cette quatrieme, de cette huitieme, &c. partie; tout de même que diviſer un arc en trois, c'eſt déterminer la *poſition* de la corde du tiers de cet arc.

Or, ce ſont ces opérations ſans ſous-diviſion, ce ſont ces opérations *immédiates* que vous ne ſavez pas, & que vous ne ſaurez jamais faire, tant que vous vous en tiendrez à vos méthodes ordinaires, tant qu'il vous plaira de regarder la ſolution de ces problêmes comme exigeant *néceſſairement la conſtruction* d'une équation d'un ordre ſupérieur au ſecond degré.

Et à propos de ces opérations *immédiates*, je ferai une obſervation à laquelle on n'a jamais fait que peu ou point d'attention.

C'eſt qu'il eſt auſſi difficile de faire un arc autant de fois multiple d'un autre, qu'il eſt difficile de le diviſer en un même nombre de parties.

Il eſt auſſi difficile, par exemple, étant donné un arc BE, (*Fig.* 1re.), de trouver un arc BEDA triple de BE, qu'il eſt difficile étant donné un arc BEDA, de trouver un arc BE qui n'en ſoit que le tiers.

Ce ſeroit un pur enfantillage de prétendre qu'il n'eſt rien de plus aiſé que de faire la premiere de ces opérations, puiſqu'il ne s'agit que de promener ſon compas trois fois de B en A, pour avoir un arc BDA triple de BE.

On ſent très-bien qu'il n'eſt pas queſtion ici d'une pareille manipulation, mais qu'il s'agit de trouver d'une maniere *directe*, d'une maniere *immédiate* une corde BA qui ſous-tende un arc BEDA triple de l'arc BE, ſous-tendu par la corde BE.

Or, ce problême, tout auſſi curieux que celui de la triſection, & qui en eſt exactement l'inverſe, eſt ſûrement tout auſſi difficile à réſoudre.

En effet, si l'on se rappelle l'équation trouvée précédemment, (*pag.* 17), qui donne DE ou son égale BE $= \sqrt[3]{3aax - aab}$, & qu'on veuille en tirer la valeur de b ou de la corde AB, on la trouvera $b = \frac{3aax - x^3}{aa}$ (1).

Alors on conviendra que les problêmes dans lesquels il s'agit de trouver avec la regle & le compas, ou la corde BA ou la corde BE, présentent tous les deux les mêmes difficultés, ou, pour parler le langage moderne, les mêmes impossibilités; impossibilités vraiment imaginaires, puisque dans le fait, & en employant la manipulation dont je parlois tout à l'heure, il n'est rien de plus aisé que de déterminer cette corde BA.

Et cependant si l'on en jugeoit à la maniere de nos derniers géometres, il sembleroit que s'agissant ici de résoudre une équation du troisieme degré, il est décidément impossible de le faire avec le seul secours de la géométrie élémentaire.

Mais il est certain, comme je ne cesserai de le remarquer, que cette décision ne porte que sur un mal-entendu; il est certain qu'elle n'est fondée que sur la *nécessité* prétendue de *construire* une équation d'un ordre supérieur au cercle.

Tandis que dans la vérité, il n'est question que de déterminer dans un cercle donné la *position* de cette corde BA, sans s'embarrasser de la puissance à laquelle elle est élevée; position qu'un écolier trouveroit en employant les manipulations ordinaires, mais qu'on ne sauroit déterminer d'une maniere *directe* & *immédiate*, sans éprouver les mêmes difficultés que dans le cas où il s'agit de déterminer la position de la corde BE.

C'est-à-dire, que l'on peut répéter ici ce que j'ai déjà dit pour la trisection, que si la solution du problême, qui demande qu'on détermine *immédiatement* la position de la corde BA, n'est pas

---

(1) C'est ici le lieu de rappeller l'observation que j'ai faite ci-dessus. C'est que l'on a eu grand tort de regarder la corde AB comme une *donnée* du problême de la trisection. Cette corde, comme on voit, est une ligne *déduite*, une ligne *calculée*, une ligne qui souvent peut être une incommensurable. On ne peut donc jamais lui assigner une *valeur absolue*; & si on l'a fait, c'est par la nécessité où l'on étoit de se créer des *données*, pour pouvoir résoudre ce problême suivant nos méthodes analytiques.

démontrée impossible, la probabilité du non succès équivaut presque à une impossibilité absolue.

D'après ces observations, auxquelles je ne crois pas que l'on puisse objecter rien de raisonnable, je pense qu'il auroit fallu s'exprimer un peu plus modestement sur un sujet aussi peu connu que celui de la section des arcs.

J'aurois voulu que dédaignant toute ridicule vanité, on eût porté le langage simple & vrai qui convient à une aussi belle science que la géométrie. Voici, ce me semble, comment il convient de s'exprimer.

Depuis que les hommes s'occupent de la géométrie, ils ont reconnu que la seule maniere de diviser les angles, étoit de diviser les arcs qui les mesurent.

L'art de diviser un arc en un nombre quelconque de parties égales, leur parut donc aussi essentiel que celui de diviser une ligne droite en un nombre quelconque de parties égales.

Ils ne voulurent employer pour ces divisions que la regle & le compas.

Avec ces foibles secours & un certain degré de réflexions, ils parvinrent à diviser un arc en deux parties égales, encore ne fut-ce que d'une façon subsidiaire, c'est-à-dire, ce fut parce que la ligne droite, menée du centre sur le milieu de la corde, divisoit aussi en deux parties égales l'arc sous-tendu par cette corde.

Après ce premier succès, ils voulurent aller plus avant, & ils tenterent de diviser un arc en trois parties égales.

Ici ils se trouverent arrêtés tout court; ils virent que la ligne tirée du centre sur le tiers de la corde étant prolongée jusqu'à la circonférence, ne coupoit plus l'arc dans la même proportion; & quelqu'effort qu'ils aient fait pour vaincre cette difficulté, quelque opération qu'ils aient tenté avec la regle & le compas, ils n'ont pu en venir à bout.

Arrêtés dès les premiers pas, ils ne firent plus d'autres tentatives sur les autres divisions possibles des arcs.

Et effet, il eût été inconséquent de chercher à diviser, *par une opération immédiate*, un arc en quatre, en cinq, en six, en sept, &c. parties égales, lorsqu'on ne pouvoit pas seulement le faire en trois.

Ainſi, depuis quarante ſiecles, les travaux réunis de tous les géometres ont été inutiles. Il eſt rigoureuſement vrai de dire, en 1789, que l'homme le plus habile, en n'employant que la regle & le compas, ſait, comme dans l'origine des temps, diviſer un arc en deux parties égales, & rien de plus.

Telle eſt l'hiſtoire des tentatives faites pour la ſection des angles & des arcs; elle eſt un peu humiliante pour l'eſprit humain, mais elle eſt vraie, & par conſéquent c'eſt la ſeule que des géometres doivent rapporter.

On ſe doute aiſément après toutes ces réflexions, quel dégoût je dus prendre pour des recherches ingrates qui ne me promettoient aucun ſuccès. Le problême n'étoit plus pour moi celui de la triſection, il étoit devenu celui de l'*omni-ſection* des arcs.

J'eſpere que l'on me permettra ce mot nouveau, car aſſurément l'idée qu'il repréſente eſt nouvelle. Je ne penſe pas au moins que juſqu'à ce jour perſonne ait tenté, perſonne ait penſé qu'on oſât jamais tenter de diviſer *immédiatement* un angle quelconque en un nombre quelconque de parties égales, en n'employant que la regle & le compas.

Perſonne, je crois, n'a imaginé que l'on pût un jour manier un arc comme on manie une ligne droite, le diviſer à volonté en autant de parties égales que l'on diviſe une ligne droite. Je ne dis pas, (& je prie de le remarquer), diviſer un arc en parties proportionnelles à celles d'une ligne droite, je ſuis loin d'une pareille abſurdité; mais le diviſer indifféremment & *immédiatement* en ſept, en huit, en neuf, &c. parties égales, avec autant de facilité que l'on partage une ligne quelconque en ſept, en huit, en neuf, &c. &c. parties égales, & cela en n'employant que la regle & le compas.

Aſſurément un pareil projet n'eſt jamais tombé dans l'eſprit d'aucun géometre, & oſer en faire entrevoir la poſſibilité, c'eſt s'expoſer à faire naître le ſourire du mépris.

C'étoit là cependant ce qu'il me falloit entreprendre, puiſque, d'après mes principes, la choſe n'étoit pas démontrée impoſſible, & qu'il ne s'agiſſoit que de trouver dans une circonférence *donnée*, la *poſition* de telle ou telle ligne qui conduiroit à la ſolution de ces problêmes.

Mais dans la quantité innombrable de lignes que l'on pouvoit tirer, quelle apparence de rencontrer au juste celle qui devoit mener au but? quel étoit même le premier apperçu qui pût faire entrevoir le choix que l'on devoit faire?....

Un instant de réflexion suffisoit pour appercevoir l'extrême difficulté qu'il y avoit dans une pareille tentative; difficulté si grande, qu'elle étoit presque équivalente à une impossibilité absolue.

A présent aurai-je le courage d'exposer la suite de mes idées? Oserai-je braver le ridicule qu'on s'apprête à verser sur mes réflexions? Il le faut bien, puisque tout ce que j'ai dit jusqu'à ce moment annonce un résultat qui n'est pas ordinaire.

Je dirai donc simplement, que sans cesse repoussé par des difficultés faites pour rebuter tout homme de bons sens, attiré cependant par la simplicité séduisante de ces problêmes, je m'en occupois malgré moi, lorsque je fus frappé d'une idée qui me parut bizarre, mais qui, après de sérieuses réflexions, fit encore renaître toutes mes espérances.

Tout se tient dans la nature, au moral comme au physique; mais entre un principe & sa conséquence, il peut se trouver une foule d'idées intermédiaires.

« Les quantités qui sont chacune égales à une même quantité, » sont égales entr'elles.

» La surface de la sphere est égale au produit de la circonfé- » rence de son grand cercle, multipliée par son axe. »

Voilà deux propositions qui sont certaines; l'une est un axiome, l'autre est démontrée en géométrie. La seconde se déduit sûrement de la premiere; mais avant d'en venir là, combien de rapports ne faut-il pas comparer? quelle chaîne de conséquences ne faut-il pas parcourir?

L'homme de génie est celui qui, d'un acte simple de son entendement, saisit tous ces rapports, embrasse toutes ces conséquences. L'homme médiocre est celui qui les parcourt une à une, & dans l'esprit duquel le premier rapport s'est effacé, lorsqu'à peine il apperçoit la vérité du second.

J'étois dans ce cas défavorable, lorsqu'il fut question de comparer l'idée singuliere dont je viens de parler, avec celle de la trisection de l'arc.

Considérée individuellement, je ne pouvois douter que cette idée ne fût vraie. Ce n'étoit point un axiome, mais c'étoit un principe mathématique qui en avoit la simplicité, & qui étoit reçu incontestablement par tous les géometres. La difficulté consistoit à le faire cadrer avec le problême de la trisection, ou plutôt avec celui de l'*omni-section* ; car on se souvient que d'après mes raisonnements, il ne s'agissoit que d'un peu plus ou d'un peu moins de difficultés; mais que la même théorie qui devoit conduire à partager un arc en trois parties égales, devoit aussi mener à le partager en un nombre quelconque de parties égales.

La difficulté étoit grande sans doute, mais elle n'étoit pas invincible ; & quelque considérables qu'aient été les obstacles que j'ai rencontré, j'ose me flatter d'en avoir surmonté une partie.

Malgré cela, aurai-je la hardiesse d'avancer que j'ai résolu ces problêmes ?

Quant à celui de l'*omni-section*, je ne le dirai point, crainte de passer pour un insensé ; j'assurerai seulement que mes principes doivent nécessairement conduire à cette solution.

Pour ce qui est du problême de la trisection, je suis plus avancé ; mais j'en aurois des démonstrations aussi claires que celles par lesquelles on démontre que le carré de l'hypothénuse est égal à la somme des carrés construits sur les deux autres côtés du triangle rectangle, que je n'oserois l'avancer.

La raison en est simple. Archimede & Newton n'ont pu le faire; donc on doit présumer que je ne l'ai pas fait.

J'avoue cependant que mes raisonnements m'ont conduit jusqu'au point de me faire illusion ; j'ai été jusqu'à me flatter que j'avois trouvé une méthode facile de partager un arc en trois parties égales.

Il y a plus, & l'illusion ne faisant qu'augmenter, j'ai pensé que je pouvois donner une solution facile & même élégante du problême inverse de la trisection; que je pouvois avec le seul secours de la géométrie élémentaire, déterminer *immédiatement* & à ma volonté, la *position* de la corde du tiers d'un arc donné, ou la *position* de la corde d'un arc triple d'un arc donné.

L'avouerai-je enfin ? je n'ai pu me défendre d'une espérance flatteuse, qui, malgré tous mes efforts, m'a paru un peu fondée.

En effet, le principe d'où je pars eſt ſûr ; c'eſt preſque un axiome : la maniere dont je l'applique au problême de la triſection me paroît bonne ; je trouve la chaîne des conſéquences bien liée ; elles me ſemblent déduites bien légitimement les unes des autres ; enfin il en réſulte une conſéquence finale, que tout autre que moi prendroit pour une démonſtration.

Malgré tout cela cependant, j'aime mieux croire que je me ſuis trompé. Il eſt en effet plus naturel de penſer que dans cette longue chaîne de conſéquences il y a quelque anneau de rompu ; il eſt plus vraiſemblable en un mot que je ſuis dans l'erreur, qu'il n'eſt à préſumer que ſeul, depuis quatre mille ans, j'ai découvert une vérité échappée aux génies des Deſcartes & des Newton. La ſortie d'un quine à la loterie ſeroit plutôt poſſible qu'un pareil phénomene ; or, qui peut compter ſur la ſortie d'un quine ?

Il eſt certain cependant qu'avec beaucoup de bonheur on peut le gagner. Il me paroît auſſi qu'à parler rigoureuſement, il n'eſt pas impoſſible que j'aie raiſon.

Mais dans ce cas, aurai-je raiſon pour rien ?.... Cela n'eſt pas juſte. Je renonce volontiers à la gloire qui pourroit en réſulter, & cette gloire aſſurément ſeroit très-grande ; mais je ne renonce pas également à la récompenſe que cette découverte mériteroit.

On ne m'accuſera plus ſans doute à préſent d'exagération, ſi je rappelle ici ce que je diſois en débutant, qu'une pareille découverte illuſtreroit le ſiecle où elle ſeroit faite, la nation chez laquelle elle ſeroit faite, & ceux qui la récompenſeroient. Elle mériteroit donc un prix conſidérable, & ce prix devroit être proportionné aux difficultés que j'ai eu à vaincre, au temps qu'il y a que les hommes attendent cette vérité, à la réputation des grands génies qui ont échoué dans ſa recherche.

La ſolution d'un problême auſſi fameux que celui de la triſection, devant faire époque dans l'hiſtoire de l'eſprit humain, j'ai d'abord penſé que le nom ſeul du ſouverain devoit paroître à la tête de cet ouvrage, & que c'étoit au ſouverain ſeul qu'il appartenoit de le récompenſer.

Cette idée étoit d'autant plus naturelle, que cette récompenſe devant être forte, on ne pouvoit l'attendre d'un ſimple particulier.

Ces conſidérations m'ont fait haſarder quelques démarches qui ont été infructueuses ; démarches, il est vrai, très-indirectes, & qui certainement ne sont pas parvenues jusqu'au trône.

De fortes raisons m'ont empêché de les renouveller, ni d'insister sur un moyen qui paroissoit devoir être le plus sûr.

Je suis un être très-ignoré sans doute, mais je ne suis pas absolument nul. Je tiens à la grande machine du gouvernement, par un fil extrêmement mince, à la vérité ; mais enfin j'y tiens assez pour qu'il ne me soit pas permis de faire certaines demandes, de solliciter certaines graces sans me faire connoître, & c'est ce que décidément je ne veux pas faire.

D'ailleurs, quel moment pour demander des graces ! & des graces pécuniaires !

Je me trouve donc réduit à prendre une voie détournée, & à proposer une nouvelle espece de souscription.

Je disois tout à l'heure qu'en supposant la découverte véritable, un simple particulier ne pouvoit y mettre le prix. Mais ce qu'un seul ne sauroit faire, cent peuvent l'exécuter sans se gêner. Il ne me paroît point impossible de trouver en France, & même dans Paris, cent personnes aimant assez les sciences pour sacrifier chacune mille écus en faveur d'une découverte qui seroit vraiment un phénomene géométrique, & qui feroit la gloire du nom François.

Cette récompense, très-forte pour celui qui la recevroit, seroit insensible pour chaque particulier qui y auroit contribué, tandis que celui-ci jouissant de toute la gloire du succès, n'en laisseroit rien à l'auteur dont le nom resteroit inconnu.

Je dis qu'il jouiroit seul de toute la gloire, parce que sur le monument public qui seroit élevé pour fixer la date de cet événement, on se borneroit à graver la figure géométrique, la date de la découverte, & le nom des souscripteurs auxquels on en devroit la publicité.

Si j'en juge sans prévention, il me semble que tout ce que j'ai dit jusqu'à ce moment, doit exciter assez de curiosité pour désirer de connoître au moins la maniere dont je m'y prends pour la solution de ce problême. Or, il est clair qu'on ne risque presque rien pour satisfaire cette curiosité, parce que, ainsi que je viens de l'observer, la sortie d'un quine à la loterie est plus probable que la réussite d'une pareille solution.

C'est

C'est d'après ces réflexions, que je me suis décidé à proposer la souscription suivante.

Les conditions en seront simples (1).

« *M.*

»

»

» sera autorisé à recevoir les soumissions de tout autant de personnes qui se présenteront, & pour autant d'argent qu'elles voudront donner.

» Ces personnes se soumettront à ce que l'argent de leurs souscriptions, soit qu'il soit au-dessus, soit qu'il soit au-dessous de mille écus (2), soit délivré à celui qui, sans autre secours que la regle & le compas, aura donné la solution du problême de la trisection.

» Elles se soumettront à ce que cet argent soit délivré quinze jours après la publication de la solution. Si dans ce temps il n'en paroît pas une réfutation, fondée sur une démonstration géométrique & *purement synthétique*, laquelle sera signée par quatre de nos plus fameux géometres, dont la réputation soit faite en Europe, & soit établie sur quelque bon ouvrage de géométrie. »

Les clauses de cet engagement demandent quelques réflexions.

Je demande que la réfutation que l'on voudra ou que l'on pourra faire, soit signée par quatre géometres dont la réputation soit faite & bien établie, & que cette réfutation soit synthétique. Voici mes raisons.

On sent très-bien que si, contre toute apparence, j'avois raison,

---

(1) Le nom & la demeure de la personne qui voudra bien se charger de recevoir les souscriptions, sera écrit à la main. Un ami auquel je donne toute ma confiance, en fera le choix, & me donnera avis des suites de cette bizarre entreprise.

J'espere aussi en être informé par les papiers publics. Je me flatte que MM. les rédacteurs des journaux voudront bien faire quelqu'attention à cet essai. Je suis loin de vouloir enchaîner leur critique, puisqu'au contraire je la sollicite. Je me bornerai seulement à leur faire observer que le ton qui regne dans cet ouvrage, & la maniere circonspecte dont il est écrit, me paroissent mériter quelque indulgence.

(2) Il importe peu sans doute que le nombre des souscripteurs augmente en raison de ce que la somme pour laquelle chacun voudra souscrire deviendra plus petite, pourvu que la somme totale de la souscription arrive à celle que je désire d'obtenir.

on pourroit trouver aisément un bon nombre de demi-savants qui ne voudroient point en convenir, & qui, par des raisonnements captieux, ne manqueroient pas de me trouver des torts.

Je n'aurai point à craindre de pareilles tracasseries de la part des véritables savants, de la part des géometres qui ont une réputation bien établie. Ceux-ci conviendront franchement de la vérité, ou si quelqu'intérêt particulier les portoit à la trahir, ils seroient retenus par la crainte de compromettre une réputation justement acquise.

Enfin je demande que la réfutation soit synthétique, parce qu'il est convenable que mes juges & moi nous parlions le même langage.

On doit sentir qu'une des conditions du problême dont il s'agit, étant de n'employer pour le résoudre que la regle & le compas, tout calcul algébrique, toute recherche de courbe, toute construction d'équation étoient des moyens qui m'étoient rigoureusement interdits. Je n'ai donc pu & dû employer que la synthese la plus simple, que les figures les plus ordinaires de la géométrie élémentaire.

J'ai démontré, ou j'ai cru démontrer que tel angle est partagé en trois parties égales, parce que la ligne AB est perpendiculaire sur la ligne CD.

J'exige qu'on me réponde dans la même langue, & qu'on me prouve que la démonstration ne vaut rien, parce que la ligne AB n'est pas perpendiculaire sur la ligne CD, & non pas parce que $\frac{a+b}{x} = z$, ou par telle autre équation algébrique que l'on pourroit appliquer à la question.

Je m'en suis tenu constamment à chercher la *position* respective des lignes que j'ai employées. Il faut se borner à prouver que la *position* que je leur assigne n'est pas la vraie, sans prétendre disputer sur leurs *valeurs*, dont je ne m'occupe en aucune maniere, & qui me sont entiérement inconnues.

En un mot, tout ce que j'avancerai dans ma proposition sera élémentaire, & à la portée du dernier écolier en mathématique. Il est juste que tout ce qu'on pourra m'objecter puisse être également entendu par le moins habile d'entr'eux.

Je sais que cela entraîne des longueurs & des répétitions très-ennuyeuses pour des savants accoutumés au laconisme de l'algebre. Je leur en demande pardon ; mais, encore une fois, c'est ici un mal nécessaire, puisqu'il s'agit d'une solution qui ne comporte que la regle & le compas.

Prêt à livrer ce foible essai à l'impression, je sens renouveller toutes les inquiétudes que je témoignois en le commençant, & j'en vois naître de nouvelles.

Dans un temps où on ne lit que des brochures éphémeres ; dans un moment où la plus forte érudition se borne à consulter rapidement quelques dictionnaires, & où un ouvrage devient assommant s'il exige plus d'une demi-heure de lecture suivie, puis-je me flatter de trouver un nombre suffisant de lecteurs réfléchis qui daigneront s'occuper sérieusement de cet ouvrage ?

Ce n'est pas tout, & en supposant qu'on veuille bien me lire, n'est-il pas à craindre que dominé par de fortes préventions, la plus grande partie de mes juges ne regarde tout ceci comme une plaisanterie, tandis que le reste en levera les épaules comme d'un objet vraiment digne de mépris ?

« Voilà donc encore, diront-ils, un de ces quadrateurs ridi-
» cules, qui, connoissant à peine les éléments de géométrie,
» viennent nous annoncer des merveilles, & fatiguer les acadé-
» mies, par leur importunité, à solliciter le jugement de leur
» prétendue découverte.

» Voilà de ces pygmées en géométrie, qui savent se jouer des
» principes les plus évidents, qui ont le courage de heurter de
» front les axiomes du sens commun, & qui prétendent cependant
» redresser les idées de tous les géometres.

» Voilà de ces nouveaux Œdipes, qui, à force de s'égarer dans
» un labyrinthe de paralogismes, se persuadent avoir deviné le
» mot de l'énigme, ignoré jusqu'à eux : ils répandent en consé-
» quence des programmes pompeux ; ils annoncent au public une
» découverte brillante & inespérée ; ils félicitent leur siecle de
» voir enfin éclore ce chef-d'œuvre de l'intelligence humaine, &c.
» &c. &c. &c. Voy. rech. sur la quad. passive. »

Tels sont les reproches assez bien mérités que de grands géometres ont fait jusqu'à ce jour à cette foule de mathématiciens médiocres qui ont prétendu avoir trouvé la solution synthétique des trois problêmes.

Mais, ou je me fais une étrange illusion, ou il me semble que de pareilles imputations seroient bien injustes à mon égard.

Et d'abord, *je ne suis point un quadrateur ;* le peu que j'ai dit de la quadrature du cercle, (*pag. 13 & 14*), fait assez connoître que je penche pour l'opinion de plusieurs géometres fameux, tels que Wallis, Gregori, &c. &c., qui ont fini par regarder le rapport du diametre à la circonférence, comme absolument inassignable.

Je ne suis point un importun qui vient fatiguer les académies, &c. &c. ; je viens simplement donner mes idées sur un problême fameux, & proposer une solution dont les défauts ou la bonté pourront être apperçus par le plus mince écolier. Je demande seulement qu'avant de donner cette prétendue solution, on veuille bien m'assurer une récompense qui me seroit légitimement due, si, contre toutes les apparences, j'avois réussi.

Je ne suis point un pygmée en géométrie, &c. Ceux qui me feront l'honneur de lire attentivement cet essai, verront que sans me donner en aucune maniere pour un savant, je ne suis cependant pas absolument étranger aux hautes sciences.

Ils verront que relativement à la trisection, je n'ai pris la plume qu'après avoir long-temps médité sur ce problême, qu'après avoir connu toutes les difficultés qu'il présente ; ils verront enfin que je ne me suis déterminé à écrire, qu'après m'être bien mis au fait de la question que j'avois à traiter ; & j'ose croire que dans le moment présent, ce n'est pas là un petit mérite.

Je ne suis point un novateur qui heurte de front les axiomes du sens commun, & qui prétend redresser les idées des géometres ; je suis au contraire d'accord avec tous ces géometres sur les grandes vérités qu'ils ont démontrées, sur les principes qu'ils ont établis ; je me suis simplement permis de relever le mal-entendu de quelques auteurs modernes, dans l'application qu'ils ont faite de ces principes ; j'ai fait plus, j'ai démontré ce mal-entendu.

Je ne suis point un nouvel Œdipe, qui, dans le problême de la trisection, me persuade d'avoir trouvé le mot de l'énigme ; j'avoue au contraire qu'il y a plus de mille à parier contre un, que je me ſuis trompé ; mais comme il n'eſt pas géométriquement impoſſible de gagner un quine à la loterie, il pourroit bien auſſi ſe faire, à la rigueur, que je n'euſſe pas tout-à-fait tort, & dans ce cas, il eſt juſte que je ſois récompenſé.

Enfin je ne ſuis pas un enthouſiaſte qui vient féliciter mon ſiecle d'avoir vu éclore le chef-d'œuvre de l'intelligence humaine ; j'avoue ſimplement & ſans aucune exagération, que celui qui découvrira la triſection en n'employant que la regle & le compas, illuſtrera ſon ſiecle & ſa nation ; & en cela je penſe qu'il n'eſt perſonne qui ne convienne de cette vérité.

D'après toutes ces conſidérations, & malgré tous les ſujets que j'ai de craindre pour la réuſſite de ce foible eſſai, je ne puis me défendre d'une légere eſpérance de le voir accueilli, même par les ſavants.

Sans doute que juſtement prévenus contre toute ſolution ſynthétique de la triſection, ſi je ſuis parvenu à leur perſuader qu'elle n'eſt pas démontrée impoſſible, ils continueront cependant de penſer que la probabilité du non ſuccès eſt preſque équivalente à une impoſſibilité démontrée ; & en cela j'ai fait voir que je penſois comme eux.

Sans doute encore que d'après ces principes ils diront que, trompé par quelque paralogiſme, je prends pour une ſolution de ce problême ce qui n'en eſt pas même une approximation. On vient de voir que je n'étois pas trop éloigné d'être de leur avis.

Mais auſſi tout porte à croire qu'ils jugeront curieux & utile de connoître la méthode que j'emploie ; & cette curioſité bien légitime ſuffit pour remplir mon objet ; car s'ils daignent la manifeſter, s'ils veulent un peu ſeconder mes foibles efforts, il n'eſt pas douteux qu'un grand nombre d'amateurs ne s'empreſſe à ſuivre leur exemple, & ne cherche à connoître ſi la découverte que j'annonce n'eſt point une nouvelle erreur.

Qu'on daigne y faire une ſérieuſe réflexion ; je ne crois pas que l'on puiſſe rien objecter contre le raiſonnement ſuivant.

Ou cette découverte eſt véritable, ou elle ne l'eſt pas. Dans le premier cas, il n'eſt aucun des ſouſcripteurs qui puiſſe regretter un moment la modique ſomme pour laquelle il aura contribué à des ſuccès qui, en aſſurant ſa gloire perſonnelle, feront à jamais celle du nom François.

Dans le ſecond cas, que riſque-t-on ?

J'attendrai donc avec empreſſement que les conditions que je propoſe ſoient remplies; & alors je publierai ſans délai, non pas l'ouvrage que je minute ſur l'*omni-ſection* des angles, mais ſeulement la ſuite de cet eſſai, dans laquelle je m'engage ſimplement à donner la ſolution ſynthétique, ou ce que je regarde comme la ſolution ſynthétique du problême de la triſection.

Mais j'en fais l'aveu de bonne foi, je déſire pour cela que ma ſouſcription ſoit remplie; car ſi, contre toutes les probabilités, j'avois réuſſi, je ne veux pas avoir raiſon pour rien.

F I N.

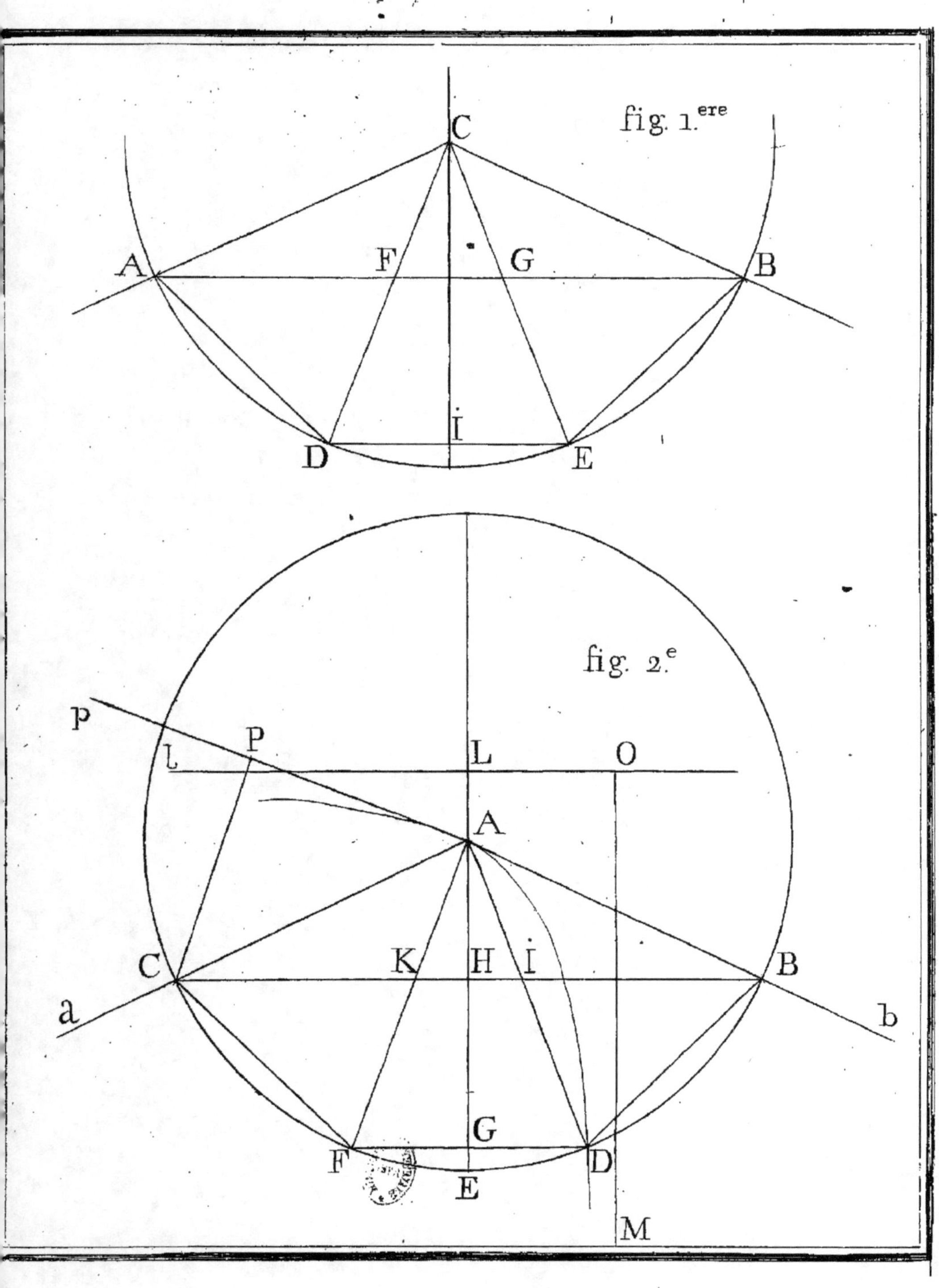
fig. 1.ere
C
A
F
G
B
I
D
E
fig. 2.e
p
l
P
L
O
A
C
K
H
I
B
a
b
G
F
D
E
M

www.ingramcontent.com/pod-product-compliance
Lightning Source LLC
LaVergne TN
LVHW050452160826
845677LV00003B/753

* 9 7 8 2 3 2 9 6 7 1 2 1 5 *